扫码体验 精彩更多

融媒体美食读物

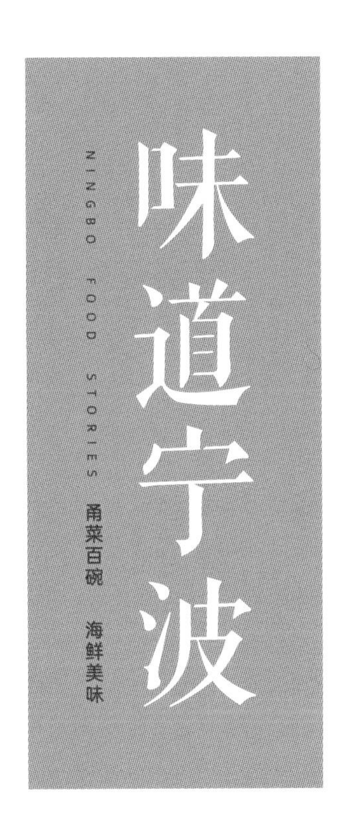

宁波市文化广电旅游局 编

序

早在约7000年前的河姆渡时期，宁波先民就开始栽培水稻，在渔猎活动中捕获各种水生动物作为食物，如鱼、鲨、鲸、蟹。太史公司马迁的《史记·货殖列传》中便有“楚越之地，地广人稀，饭稻羹鱼”的记载。“食鱼与稻”是江南之俗，宁波的饮食文化充满了稻作和海鲜的光华。

宁波自古即江南鱼米之乡，是中华米文化的发祥地。宁波枕山、拥江、揽湖、滨海，气候宜人，温和湿润，四季分明，空气中弥漫着山的清新、海的透彻，可谓得天独厚，物丰天成，田园山野、江河湖海的食材一应俱全。宁波所辖8355.8平方千米的海域面积，几乎与陆域面积相当；1678千米的海岸线，占浙江省海岸线的约四分之一；500多个500平方米以上的海岛，占全省海岛的约五分之一……宁波靠海吃海，鱼虾蟹贝等各类海鲜品种多达520余种。

宁波菜以“鲜咸合一、原汁原味”自成一脉，是继宁波港、宁波帮、宁波装、宁波景之后的第五张城市名片。宁波菜选料讲究细、特、鲜、嫩，烹调讲究烩、溜、蒸、烧，而烹调方法又因料施技。宁波丰富的山海资源是宁波菜发展的根本，雪菜大黄鱼、苔菜鲳鱼等传统宁波菜，都深深植根于宁波这片土地。

为贯彻落实省委、省政府决策部署和市委、市政府的工作要求，宁波市文化广电旅游局着力推进大花园建设，做实打响“诗画浙江·百县千碗·甬菜百碗”美食品牌，结合宁波各区（县、市）美食资源，策划推出体现宁波海鲜特色的“甬菜百碗”。经过三年多的培育和塑造，宁波累计有90余家餐饮企业入选“诗画浙江·百县千碗”省级美食体验店，并成为展示宁波美食这张“金名片”的网红打卡地。

为了让广大市民游客更好地了解宁波美食，本书尝试从宁波地道的食材着手，去讲解宁波美食故事，并配以特色菜肴的烹调方法，还邀请各区（县、市）的省级美食体验店制作当地的“十大碗”特色菜肴，并逐一拍摄成视频，方便百姓学习烹饪制作。值得一提的是，这本《味道宁波》还被制作成融媒体读物，实现美食读物的可读、可看、可听。可以说，本书既是一本老百姓喜闻乐见的宁波美食故事汇，更是一场活色生香的“甬菜百碗”厨艺秀。

宁波市文化广电旅游局党组成员、二级巡视员

2023年7月

东海之鲜

江湖之味

肉禽之食

山地之珍

稻米之香

附录

黄鱼，又名黄花鱼，石首鱼科黄鱼属鱼类的统称。旧时东海渔民有“黄鱼七兄弟”之说，分别为黄唇鱼，毛鲿鱼，大、小黄鱼，梅童鱼，鮸鱼，黄姑鱼。其中，黄唇鱼、毛鲿鱼今已非常珍稀。现在通常叫的黄鱼，指的就是大黄鱼和小黄鱼，是东海最著名的经济鱼类。民国时期上海俗称十两重的金条为“大黄鱼”，一两重的叫“小黄鱼”，可见黄鱼之名贵。

黄鱼的头部有两枚洁白坚硬、饭粒大小的石头，叫耳石，故又得名“石首鱼”。宁波清代史学大家全祖望有《桂花石首》一诗，云：“石首有鱿如玉，每因从桂重登。物固以少为贵，春蒲稍逊神清。”其意指秋季收获的东海黄鱼最为鲜美，故有“桂花石首”的美誉。大黄鱼肉嫩味鲜少骨，自古就有“琐碎金鳞软玉膏”的美誉。

旧时东海渔民捕捞大黄鱼采用一种特殊的作业方式——敲船捕鱼，也就是敲罟捕鱼，可以理解为在渔船上用棒槌敲击。当时的渔船为木船，用棒槌敲击发出的声音非常大。大黄鱼属于石首鱼科的鱼类，它的耳膜内有耳石，耳石的作用是保持平衡。棒槌敲击木船发出的声音与大黄鱼耳膜内的耳石产生共鸣，大群大黄鱼被震死、震晕后渔民便可捕捞。方法是发现大黄鱼鱼群后，利用一两条母船，几十条渔船围成一个圆圈，一起敲船板，致使大鱼、小鱼一起昏死，从而一网打尽。敲船捕鱼，大鱼、小鱼通杀，害得大黄鱼几乎灭绝。为了保持野生大黄鱼资源不至枯竭，也基于木质船被钢质船替代，这种“野蛮”的作业方式在20世纪中下叶就逐渐被废弃了。

至于黄鱼，宁波人认定的好吃部位是嘴唇，也就是坊间盛传的黄鱼吃唇，宁波老话就有“黄鱼吃唇，胜过人参”之说。黄鱼唇又称“八卦”，是除上下嘴唇外嘴唇中间的一个珍珠状组织，一斤多重的黄鱼，其黄鱼唇还没有一颗黄豆大。此物也是“活肉”，不仅好吃，营养价值也很高。黄鱼中最值钱的还得数黄鱼胶，即黄鱼的鱼肚，营养价值极高。一条野生大黄鱼，鱼胶的价格就差不多占了黄鱼的一半。现在被视为珍品的黄鱼胶，当年更多的是被用来做胶水。黄鱼胶经一定加工程序后，炖烂熔化成糨糊状，以前木匠师傅打家具多用榫卯而不用钉子，这黄鱼胶就是极佳的榫卯间的黏合剂。

宁波人对黄鱼一向情有独钟，如家里来了贵客，黄鱼是必上的，这样才算正儿八经的请客。特别是大黄鱼，不但营养价值高，鱼质鲜嫩，而且鱼刺较少，很多人都喜欢吃。清蒸、红烧、香煎、煮汤，各种做法，不一而足。宁波人还喜欢将黄鱼制成腌货或风鲞鱼干。宁波传统十大名菜中，以黄鱼为食材的就有苔菜拖黄鱼、腐皮包黄鱼、彩熘全黄鱼、黄鱼鱼肚，十有其四，足见黄鱼在宁波人心中的地位。旧时，宁波大户人家还有一道“三黄汤”的大菜，以新鲜野生大黄鱼、新风黄鱼鲞和黄鱼胶制作的鱼肚这“三黄”烹制而成，用材之名贵可想而知。按现在的价格，这一道菜没两三千元是上不了台面的。

“红膏呛蟹咸咪咪，大汤黄鱼摆咸齑。”当然，黄鱼菜肴最经典的做法，当数雪菜黄鱼。雪菜，即雪里蕻咸齑，与甘脂肥嫩的黄鱼一起煮烧，堪称宁波菜“鲜咸合一、原汁原味”的绝佳体现。

关于这道雪菜黄鱼，宁波象山一带还有这样的一个传说。相传，小康王赵构逃难于象山黄避岙，幸得一村姑相救，将他藏在家里。是夜月落星稀，金兵退去，村姑父母忙着做饭待客，黄鱼成为那一顿饭的主要食材。当他吃到雪菜黄鱼时，就被那鲜嫩的鱼肉、爽口的雪菜深深吸引，顿时赞不绝口。数年后宋高宗赵构建都临安，这道菜也就成了宫廷名菜。

琐碎金鳞软玉膏
冰缸满载入关舫
——【清】王莳蕙

三黄汤（象山十碗）

原料：

新鲜黄鱼、黄鱼鲞、黄鱼胶。

制法：

1. 将黄鱼洗净、改刀，黄鱼鲞斩小方块，油发黄鱼肚泡水后切菱形块；

2. 锅放油烧热，将黄鱼两面煎黄，喷入少许黄酒，注入开水，放入黄鱼鲞，用大火滚煮至汤色浓白，改用小火将黄鱼炖煮至熟，放入鱼肚，调味，撒上芹菜即可。

特色：

汤味浓郁，咸鲜适口。

马鲛鱼，是鲭科鲅属鱼类的统称。中国北方通常称其为鲅鱼，浙东沿海则称马鲛鱼，因其体形纤长，鱼身有蓝点斑纹，也称蓝点马鲛鱼。在宁波人眼里，马鲛鱼是春天不可或缺的美味，也是东海之滨春季最值得期盼的鱼鲜之欢。

宁波的象山港，位于穿山半岛与象山半岛之间，北面紧邻杭州湾，南邻三门湾，东侧为舟山群岛，是一个由东北向西南深入内陆的狭长形半封闭型海湾，是理想的避风良港。

清明前后，马鲛鱼洄游至象山港海域产卵，意味着这是马鲛鱼最为丰腴的时候，象山港畔的人们管它叫“鲭鲌”或“串乌”，以示这种“鱼中极品”同外洋马鲛鱼的区别。每到清明节气临近，马鲛鱼绝对是当地菜市场的主角，一条条手臂长的马鲛鱼都被摆在最显眼的位置，价格随行就市，一天一个价，甚至隔一小时售价都会翻一倍，初上市时一条马鲛鱼能卖出上千元的价格，用“疯狂的马鲛鱼”形容马鲛鱼之抢手，在当地人眼里是见怪不怪的了。“不是所有的马鲛鱼，都叫鲭鲌”，这是他们引以为豪的。

要判断一条马鲛鱼是不是正宗的象山港鰆鲐，可以从三方面入手：其一，通体有蓝绿光泽，即使光线再暗，鱼身表面都像在隐隐散发着蓝宝石般晶莹的光芒，这是它不同凡俗的象征；其二，鱼头鱼尾往上翘，结实挺拔；其三，切开后鱼肉呈自然的粉红色，瞧着就有鲜活气。而且春天的马鲛鱼正逢产卵期，因此格外丰腴，母鱼鱼籽多、公鱼鱼白多。鱼籽、鱼白都是马鲛鱼身上的极品，烹煮出来，一个满口生香，一个肥美嫩滑。

宁波民间有谚语“山上鹧鸪獐，海里马鲛鱼”，足见宁波人对马鲛鱼的偏爱。吃法也比较简单，抱盐清蒸、雪菜煮烧、熏鱼香煎，都有着各自的鲜美。正所谓，好的食材不需要复杂的烹饪方式，宁波人最地道的做法就是雪菜马鲛鱼：将洗净的马鲛鱼切成头、尾两段，略微抱盐腌制，取一段放清水烧煮，再放入雪菜、笋丝和少许食盐调味起锅。马鲛鱼肉质鲜嫩丰腴细腻，入口是一丝丝的，还带着美妙的鲜甜口，再配以雪菜的微酸，更可以将鲜味表现得淋漓尽致。

过了清明，马鲛鱼渐多，价格平实，于是宁波人就开始了对马鲛鱼的各种创造。象山的双色鱼圆、鱼滋面，鄞州的熏鱼等，主要食材都取马鲛鱼。马鲛鱼不仅仅是春天的恩物，也饱含着人们对于这份海洋馈赠的留恋。

咸祥马鲛鱼（鄞州十碗）

原料：

象山港马鲛鱼、雪菜、笋丝、葱。

制法：

1. 把鱼宰杀，两边划刀，抱盐备用；

2. 锅里加入清水，放入姜片烧开；

3. 腌制的马鲛鱼冲水，放入锅中，小火煮6分钟，再放入雪菜粒、笋丝、葱、盐、味精等，调味装盘即可。

特色：

汤汁香鲜，回味醇厚，色泽清原，香气四溢。

双色鱼圆（象山十碗）

原料：

马鲛鱼肉。

制法：

1. 将鱼糜制成白色鱼圆和黄色鱼圆；

2. 热锅下油，放入莴笋片和冬笋片，翻炒至香，喷入少许黄酒，加入少许高汤；

3. 放入白色鱼圆和黄色鱼圆，调味，勾芡，淋上明油装盘即可。

特色：

鲜嫩爽滑，入口即化。

鱼滋面（象山十碗）

原料：

马鲛鱼肉。

制法：

1. 将鱼糜制成鱼面；
2. 热锅加油，将肉丝煸炒至香，放入绿豆芽、榨菜丝、胡萝卜丝、冬笋丝、莴笋丝煸炒香，喷入少许黄酒；
3. 放入少许高汤和鱼面，调味，勾厚芡，淋上香油，撒胡椒粉，出锅装盘即可。

特色：

色泽亮丽，滑嫩爽口。

田有社交豆　水有社交鱼

一蔬并一鲜　社酒倾无余

——【清】孙事伦

注：2023年起，为了保障象山港的生态环境和渔业资源，每年3月1日至7月31日，象山港海域禁捕马鲛鱼。

“有朋自远方来，不亦乐乎？”宁波人请客，通常是少不了一条全鱼的。而一条鲥鱼，绝对撑得起任何台面了。

鲥鱼是洄游性鱼类，栖于海洋，每年初夏定时入江产卵，到九十月间再回到海中，年年准时无误，故称鲥鱼。李时珍《本草纲目》言“一丝挂鳞，即不复动”，据说捕鱼的人一旦触及鲥鱼的鳞片，鱼就立即不动了。所以，苏东坡称它“惜鳞鱼”。鲥鱼堪称鱼中贵族，生性娇贵，出水即亡，因此难得。

“鲥鱼吃鳞，甲鱼吃裙。”鲥鱼的鳞入口满嘴腴香又不肥腻，吃完鳞后就可慢慢品尝下面的鱼肉了。“扬州八怪”之一

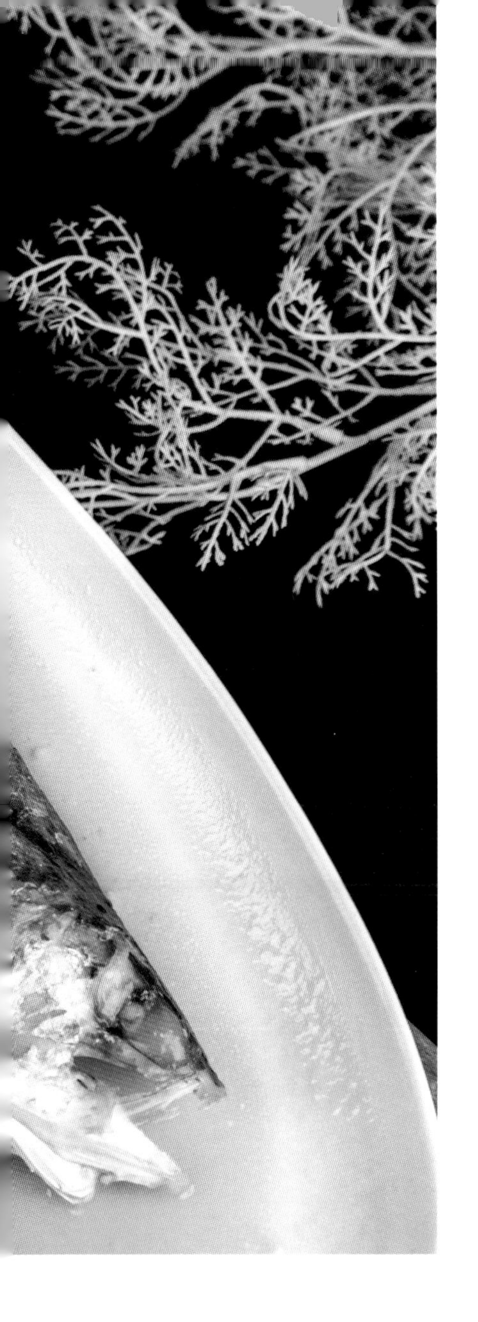

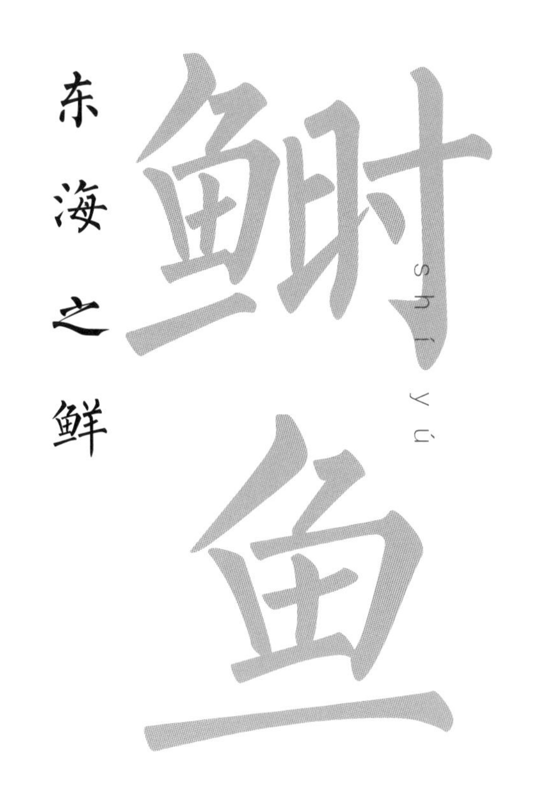

的郑板桥更有名句："江南鲜笋趁鲥鱼，烂煮春风三月初。"足见其珍贵无比。著名美食家沈宏非说："鲥鱼之鲜美不仅在鳞，而且是一直鲜到骨子里去的，也就是说，鲥鱼的每一根刺都值得用心吮吸。"更准确地说，"值得用心吮吸"的不是鲥鱼的刺，而是鲥鱼的颧骨。鲥鱼的颧骨，渔民称之为"香骨"，是越嚼越香，越嚼越有味的，故有"一根香骨四两酒"之说。

清蒸大鲥鱼是浙江历史名菜，据考已有1700多年历史。东汉名士严子陵，宁波余姚人，与光武帝刘秀为少时同学。光武帝即位，严子陵即隐名不见，刘秀欲请严出任谏议大夫，严说自己过惯了悠闲的隐居生活，并诉说垂钓之乐和鲥鱼之美味，以此请辞。鲥鱼也因此为历代文人雅客所称道和推崇。民国时期，鲥鱼亦为宁波上层人士待客的上选。

关于鲥鱼，宁波老底子还有这样一个故事。旧时，婚嫁信的是媒妁之言，讲究门当户对，新郎新娘拜堂成亲之前也未见有个照面，对彼此的了解全凭媒婆一张嘴。话说这一年，宁波一大户人家娶了苏南地区一位富家千金，精明的婆婆想着新娘来自富贵人家，却不知女方家境到底如何，又不好意思直接相问，过了些日子便想了个法子来试探新媳妇。这天晌午，这位婆婆从鱼市买来一条鲥鱼，笑着对媳妇说："媳妇啊，今天路过鱼市看到这条鱼还蛮新鲜的，便买了来，晚上你就烧了鱼吃。"她一边笑哈哈地把鱼递给媳妇，一边暗中观察媳妇怎么处理这条鱼。婆婆心里忖着，鲥鱼可不是一般人家吃得起的，很多人甚至连见也没见过，更不知这鱼鳞是个宝贝。说话间，新媳妇笑盈盈地接过鱼，便去洗鱼了，只见她用刀把鱼鳞刮下来，轻轻地放在竹筛箕，一旁的婆婆见状心里就叫屈，说的是千金小姐，原来也是没见过世面的。然而，新媳妇接下来的举动，却让这位婆婆惊叹不已。只见媳妇把收拾在筛箕上的鱼鳞，用清水轻轻地冲洗，再找来绣花针用棉纱线把鱼鳞一片片串起来，又将鱼鳞串挂在碗上，放在蒸锅上蒸。差不多一个时辰后，起锅收起鱼鳞串丢到一边，但见蒸碗里已盛了小半碗发亮的鱼油。这可把一旁的婆婆看傻眼了，原来鲥鱼还有这等吃法。

当然，新鲜鲥鱼宁波人的做法大多以清蒸为主，红烧、干煸的也有。这里推荐的是宁波江北美宴的古法酒酿大鲥鱼。这家以海派宁波菜而著称的庭院餐厅，传承鲥鱼名菜，以"腌、糟、鲜合蒸"的地方特色烹饪技艺，自成一味，传为经典。这是一道硬菜中的硬菜，酒香醇醇，鱼香浓浓，甘旨肥浓，鲜美至极。

白日风尘驰驿骑
炎天冰雪护江船
银鳞细骨堪怜汝
玉筋金盘敢望传

——【明】何景明

美宴古法酒酿大鲥鱼（江北十碗）

原料：

新鲜大鲥鱼（规格 2.8 斤 / 条—3 斤 / 条）、火腿、手工酒酿、节瓜、老姜、高汤、20 年陈年花雕酒、盐。

制法：

1. 鲥鱼去内脏，不要去鱼鳞；

2. 用盐、花雕酒、姜汁腌 10 分钟左右；

3. 把腌好的鲥鱼装盘，将酒酿抹在鱼身上，把火腿片和节瓜片排在鱼身上，入蒸箱蒸 8 分钟，盛出装盘，撒上葱丝、红椒丝即可。

特色：

酒香浓郁，肥嫩鲜美，带鳞而食，营养丰富。

“带鱼吃肚皮，闲话讲道理。”

老饕们都知道，只有冬至前后那二十来天，才是一年中带鱼最肥白、最鲜美的时候，故有“冬至节跟吃带鱼”的传统说法。此时的带鱼肉质会更加细腻、鲜美。带鱼口感肥美少刺，细嫩滑爽，鲜而不腥，海边人常用一种夸张而真诚的语气，赞美冬季的东海带鱼是“世界上最好吃的带鱼”。趁此时节，可将带鱼鱼腹剖开，取去内脏，做成酒糟带鱼。酒糟带鱼不仅味道鲜美，而且有一股特殊的糟香，素为江浙人所喜。

酒糟带鱼是镇海糟海货的典型代表，受到众多食客的青睐。要做好这道酒糟带鱼，关键在于挑选到好食材，而这需要常年浸淫于海鲜食材里得出的第一眼直觉。老厨们往往会告诉你，挑选带鱼的时候，一定要记住“三小一厚多油脂”这句口诀。“三小”是指个小，头小，眼睛小；“一厚”是指肉质厚实；“多油脂”是指油脂含量丰富。

带鱼，若论时令，春、夏、秋三季，味道只能说一般般，并不受人青睐。老饕们都知道，冬至前后那二十来天，才是一年中带鱼最肥白、最鲜美的时候。而“雷达网带鱼”放网深度通常在 50—100 米之间，所以捕捞上的带鱼肉质会更加细腻、肥美，堪称带鱼中的极品。

冬至时节，将带鱼鱼腹剖开，取去内脏，洗净后切成段，用盐腌渍成咸鱼。再一层鱼一层糟，密放在缸，用坛泥封口，一到两个月后即可食用。鱼经过酒糟的腌制入味，鱼肉中渗入了醇厚的酒香，诞生出全新的鲜美滋味，在唇齿之间碰撞出不一样的火花。

酒糟带鱼隔水蒸熟之后，不仅味道鲜美，肉质松软，骨烂如泥，而且肥而不腻，糟香四溢，因此，民间素有“滑头像糟带鱼”之喻形容糟带鱼的那份滑爽。老底子的宁波人还会在刮西北风的日子里，把酒糟过的带鱼在风里晾至半干做成风干带鱼。

酒糟带鱼早在被李白吟咏之前，便已蔚然大观。在清代，镇海出产的糟海货业已远销至江苏、上海等地，成了镇海餐饮文化的代表之作。

昔年海舶交城闾
郭外饶声随客晚
银带鲜寒锦濯鱼
浦深帆影动潮初

——【清】余派

萝卜丝带鱼（海曙十碗）

原料：

带鱼，萝卜，葱、姜、黄酒、酱油、盐等调料。

制法：

1. 将带鱼洗净，改花刀，切成6厘米的长段，萝卜切丝；

2. 锅入底油，放入葱、姜爆炒，放入带鱼段，两面略煎，烹入黄酒，加清水、萝卜丝、酱油、盐，烧至带鱼熟，加味精收汁，淋明油即可出锅。

特色：

色泽金黄，鱼香四溢，口感丰富，鲜美无比。

白沙海风酱三拼（江北十碗）

原料：

沙曼鲞、黄鱼鲞、风带鱼。

制法：

将三种鱼鲞在盘中摆放整齐，上锅蒸熟即可。

特色：

色泽金黄，鱼香四溢，口感丰富，鲜美无比。

酒糟带鱼（镇海十碗）

原料：

带鱼。

制法：

1. 选用冬至时节腌渍好的带鱼；

2. 把腌制好的带鱼装盘，加葱、姜、料酒，上笼蒸熟，撒上葱花点缀即可。

特色：

酒香四溢，丰腴鲜美。

鳓鱼

lè yú

东海之鲜

鳓鱼又叫“鲞鱼”“鲙鱼”或“白鳞鱼”。每年初夏的鳓鱼，被美食家誉为“海里最鲜的鱼”。鳓鱼不仅体形和鲥鱼差不多，而且鲜味也能和鲥鱼媲美，因此有“南鲥北鲙”之说。鲜活的鳓鱼脂丰肉肥，尤其是覆盖在鱼背上的银色鱼鳞饱含油脂，使鳓鱼入口细软，宁波人称之为“鲜白鳓鱼”。鳓鱼无论清蒸，还是红烧，风味俱佳。到镇海，吃上一口宁波地道的“三抱鳓鱼”，它的咸与香，保准叫你入口难忘。

“三抱鳓鱼”，何为“三抱”？这里头学问大着呢。“抱”在宁波话中是腌制的意思。再深究一下，“抱”原本应作“鲍”字，古语中“鲍鱼”是咸鱼的意思。顾名思义，“三抱鳓鱼”需要前后腌制三次，制作十分讲究。新鲜的鳓鱼捕捞回来后，不用剖肚去鳞，入清水后略晾干即可。准备一个大缸，将粗盐细细抹匀每一条鳓鱼，压上石头腌制，这就是第一抱，其作用是去腥脱水；第二抱可放入黄酒等调味佐料，再次腌制七天以上；这第三抱，便是倒出卤水，取出鳓鱼，在鱼腹灌盐，鱼身抹盐，放入缸中继续腌制一个月左右。这时候，鱼体开始变得金黄，“三抱鳓鱼”逐渐成形。“三抱鳓鱼”最传统的吃法，就是放上姜丝、葱条、黄酒清蒸，那香醇的诱惑，香韧的口感，让人无法抗拒。清朝诗人姜长卿有诗云：“谷雨开洋遥网市，鳓鱼打得满船装。进鲜百尾须头信，未献君王那敢尝？”

关于“三抱鳓鱼”的由来，据说与宁波镇海的郑氏十七房有关。大约在明朝中叶，郑氏十七房一族已经成为澥浦一带的大户人家。那年春天鱼汛，十七房族人郑五公出海捕鱼，运气特别好，一网捕上清一色的鳓鱼，可把他乐坏了。回到家里，大家趁着鳓鱼新鲜吃了个够，还卖了不少钱。只是鳓鱼实在太多，一时吃不了也卖不完，眼看好端端的鳓鱼开始变得不新鲜了，只好用盐把鳓鱼腌起来。

腌过的鳓鱼味道虽不如鲜白鳓鱼，却有一种特殊的味道。不过，时间久了，腌过的鱼慢慢发出一种异味。出于无奈，郑五公只好又放了一些盐，他的想法很简单：把鳓鱼腌得咸一些，可以多放一些日子。就这样，那些鳓鱼前后被腌了三次。

有一天，郑五公的一位外地朋友来十七房做客，无意间说起鲜白鳓鱼，希望能够尝一尝。郑五公面有难色，说现在这个季节，新鲜鳓鱼很难捕到，咸鳓鱼倒还有。客人说咸的也好。于是，郑五公让郑五婶蒸上一条咸鳓鱼，出于歉意还特地嘱咐在鳓鱼上放些海蜇和新鲜肉糜。鳓鱼端上来了，客人闻到一股略微的臭味，试着夹了一筷子，却是满口鱼香，再细看这鳓鱼，鱼肉红澄澄的，色泽十分诱人，大赞：“好香，好香，简直就是咸香鱼！”一听客人赞扬，郑五公心里诧异：这腌了多次的咸鳓鱼真的好吃？于是也夹了一块——嗬！这鱼肉虽然黏黏糊糊，但是味道确实很香。让郑五公更惊奇的是，吃鲜白鳓鱼，鱼刺是个难弄的东西，但是腌了三次以后，那些鱼刺都戳了出来，只要细细一挑，都可以挑出来。从这以后，郑五公多了一个发财的渠道，他收购人家卖剩的鳓鱼，将其腌渍三次，取名“三抱鳓鱼”，拿到市场上卖，居然还卖出了好价钱。后来，效仿的人多了起来，“三抱鳓鱼”成了宁波菜中的一道名菜。有好事者还编排了一首童谣：鲜白鳓鱼亮锃锃，味道好来骨刺多。“三抱鳓鱼”臭哝哝，吃到嘴里香喷喷。鳓鱼骨头里戳出，发家致富防内贼……从此以后，宁波人就多了一句谚语，将那些吃里爬外的货色，称为“鳓鱼骨头里戳出”。

宁波人善于经商，即便发家致富，也不忘勤俭节约。一盆“三抱鳓鱼”往往要吃上几餐，吃剩的咸鱼再敲个鲜蛋或铺点肉饼再蒸着吃，直到鱼肉吃得差不多了，只剩下鱼头鱼骨，也不舍得丢弃。将这些吃剩下的倒入锅中，加开水煮汤，放点食盐，撒点葱花，便是一道清汤寡水但风味独特的热汤，美名曰“玻璃汤”。

风腥蛏蛤杏初飞 雨滞梅林钓鳓归
月桂花黄鱼味美 霜寒菊圃蟹螯肥
——【清】童谦孟

三抱鳓鱼（镇海十碗）

原料：

鳓鱼。

制法：

1. 取新鲜鳓鱼，用盐腌渍，其中一半塞入鱼腹，一半抱于鱼体；

2. 用竹签排出鱼体内的气体，掀开鳃盖，往鱼体内塞盐，再在体表抱盐。一个月后，鱼体坚硬，鳞片闪光，这是“二抱鳓鱼”；

3. 再抱一次盐。上压重石，不再翻动，三个月后即为“三抱鳓鱼”成品。淋料酒，加葱段、姜片上笼蒸熟，撒上葱花即可。

特色：

香气四溢，咸中透鲜。

米鱼骨浆（镇海十碗）

原料：

米鱼骨、米鱼肉、土豆、番茄、洋葱、生姜等。

制法：

1. 将米鱼清洗干净，把鱼肉、鱼骨都切成小块；

2. 然后注意热锅冷油，等油温达到七成时，放入准备好的姜、蒜、洋葱末炒香；

3. 接着放入切好的鱼肉、鱼骨继续翻炒，加入各色配菜，适时倒入黄酒、酱油、白糖等调料，加水后大火烧 5 分钟左右，让鱼骨酥软；

4. 最后用水淀粉勾芡，撒上葱花，即可上桌。

特色：

鱼肉鲜美，鱼骨软烂，芡汁浓郁。

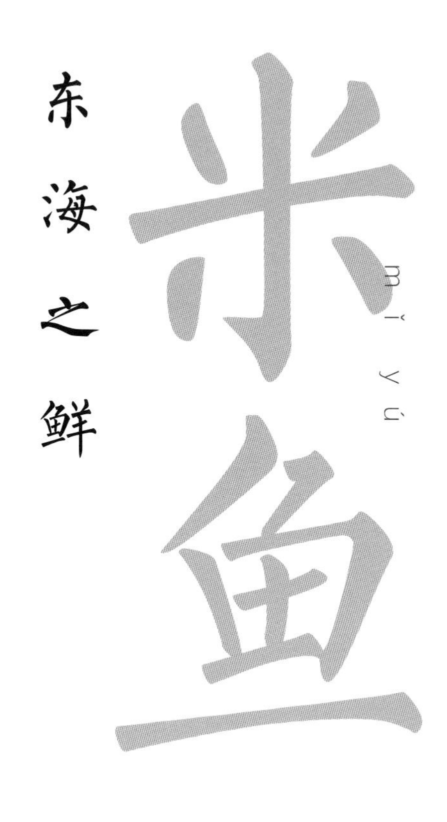

东海之鲜

米鱼，是鮸鱼的俗称，喜栖息于混浊度较高的水域，每年四五月由深水区游向近岸做生殖洄游，是宁波海鱼特产之一。农历六至八月为鱼汛期，每逢大潮汛，渔船竞相出海作业，晨出晚归，捕获甚丰。

米鱼的外形很像鲈鱼，作为一种暖温性底层海鱼，米鱼肉极鲜嫩，没有浓重的腥味，肉质能和野生大黄鱼相媲美。米鱼的食用方法以清蒸、红烧、醋熘、制羹、抱腌为佳。米鱼脑更是肥腴异于他鱼，故宁波有“宁可弃我廿亩稻，不可弃掉米鱼脑”之民谚，海边渔民更是有“五鮸六加腊”之说，可见米鱼受人喜爱之程度。

在镇海，传统的民间名菜米鱼骨浆，所用食材就是米鱼骨和米鱼肉，将其剁成小块与土豆块烹煮，味香浓郁，入口鲜香。其不仅味美，还有健胃、补气、平喘等食疗作用。

玄膺晨漱已可饱　脯膳况复余米鱼
聊将此书一过读　寄语庶不忧乡闾

——［宋］刘挚

怎样才能制作一道正宗的米鱼骨浆？具体而言，它的制作工艺可以分为四步：首先将米鱼清洗干净，把鱼肉、鱼骨都切成小块；然后注意热锅冷油，等油温达到七成时，放入准备好的姜、蒜、洋葱末炒香；接着放入切好的鱼肉、鱼骨继续翻炒，适时倒入黄酒、酱油、白糖等调料，加水后大火烧 5 分钟左右，让鱼骨酥软；最后用水淀粉勾芡，撒上葱花，一盘可口的米鱼骨浆就可以新鲜出炉了。品尝时，只需要用筷子轻轻一拨，米鱼肉、骨就会分离，一勺入口，鱼肉鲜美，鱼骨软烂，芡汁浓郁，真正是有让人舍稻易鱼的魔力。

传说明代洪武年间，米鱼骨浆还是当地百姓犒劳抗倭将士的首道菜品。

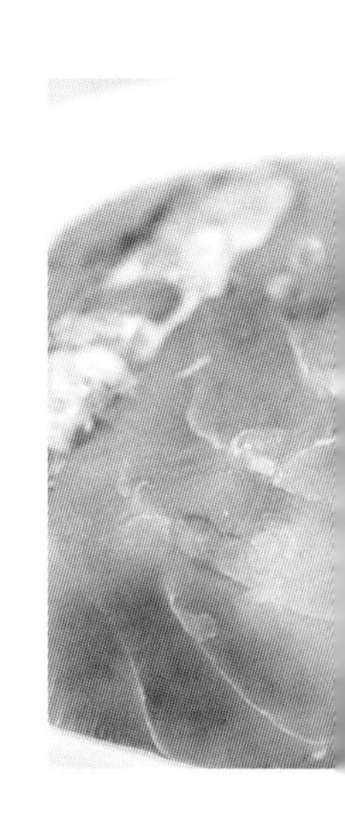

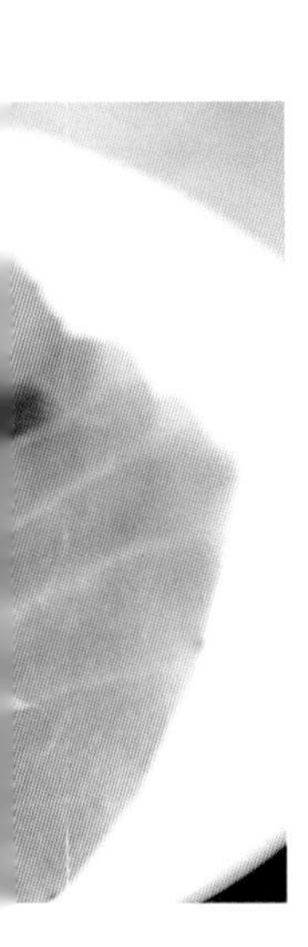

而在宁波其他地方，米鱼更常见的做法是用盐抱腌。过去受限于保存条件的缺乏，很多海鱼捕捞上来，吃不掉的多余部分很多家庭都使用抱腌的方法。虽然手法相同，然而每一种鱼，抱腌后几乎都各自散发着独特的味道。米鱼抱腌极为方便，只用将盐均匀涂抹在鱼段上，冷藏半日即可上锅蒸。厚厚的鱼肉，经过腌制，肉质变得紧实，用筷子轻轻一拨，呈蒜瓣状散开。鱼香浓郁，鲜美无比。

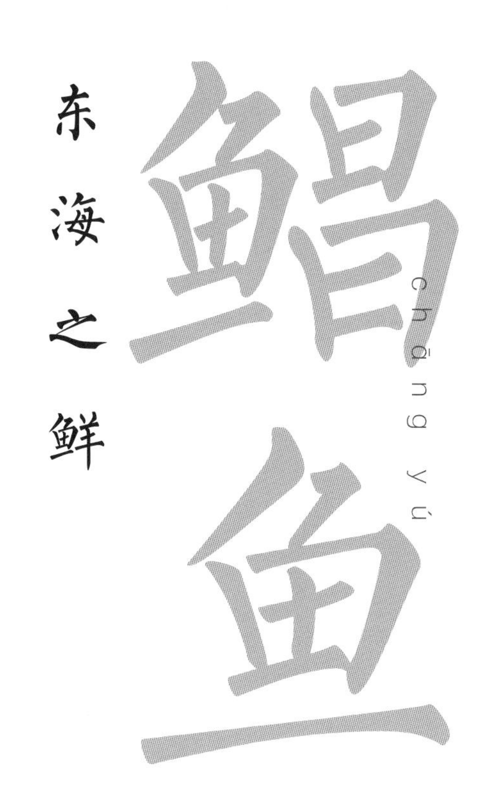

俗话说“河中鲤，海中鲳”。《本草纲目》中有记载：“昌，美也，以味名。”尾如燕翦，骨软肉白，味美于诸鱼，是古人对鲳鱼的描述。

东南沿海传统的海水鱼好吃排名有谚语“一鲳，二红鲂，三鲳，四马鲛，五鮸，六加腊（真鲷）”，排名第三就是鲳鱼。鲳鱼属于高级的食用鱼种，肉质相当细嫩，富含脂肪，故入口即化，非常适合老人和小孩食用。不论是蒸、煎、炸还是烤等，都相当鲜美，是十分受到青睐的鱼种。

俗话说“鲳鱼直进”，真是一点也不假。它的身子扁塌塌的，说来也是吃了这“直进”的亏。据说，原来的鲳鱼，跟黄花鱼的体形差不多，也是圆溜溜的。

那为何鲳鱼变成扁塌塌的了呢？有一天，大鲨鱼娶亲了，大家都去看热闹，鲳鱼呆头呆脑地跟在人家后面去凑热闹。远远看见那边吹的吹，敲的敲，热闹非凡，里里外外站满了。鲳鱼拼命地想挤进去，一不小心，把大鲨鱼新娘的花轿撞翻了。大鲨鱼一看，气得胡须全翘，一个好端端的婚礼被鲳鱼扰乱了，这还得了！大鲨鱼叫来七八个好兄弟，把鲳鱼痛打了一顿。等鲳鱼被抬回家时，原来圆溜溜的身子，变得扁塌塌，皮也被剥掉了一层，全身血淋淋。鲳鱼总算命大，好不容易活了下来，背脊也长出一层青白色的薄皮，好像一面平镜，变成了现在扁塌塌的模样。

“江山易改，本性难移。”鲳鱼的身子变扁了，脾气还改不了，还是那么直进，呆头呆脑的。所以“鲳鱼直进”这一说法，一直在宁波沿海地区流传着。

与其他海鱼不同，鲳鱼的新鲜度决定烹饪方式。透骨新鲜的鲳鱼，宁波人最喜欢清蒸、酱蒸和雪汁鲳鱼的做法，简单、粗暴、直接，真正的原汁原味。繁杂点的，还有干煸鲳鱼、苔菜鲳鱼、红烧鲳鱼、酒糟鲳鱼、梅干菜烧饭鲳等。

宾馆无鱼日

渊临输结网

冯欢叹孟尝

芹献侑称觞

——【明】谢迁

年年有鱼（宁海霞客宴）

原料：

鲈鱼、鲫鱼或鲳鱼，番薯面。

制法：

1. 将鱼斩杀，洗净，番薯面泡软待用；

2. 另起锅烧热，放肥膘熬出香味，放葱、姜煸香，放鱼加高汤煮至鱼熟，调好口味放番薯面略烧，即可装盘食用。

特色：

鱼肉细嫩，番薯面浸透鲜汁，美味无比。

苔菜烙鲳鱼（北仑十碗）

原料：

白边鲳鱼、苔菜。

制法：

1. 鲳鱼洗净后，斜刀切成鱼块；

2. 用盐、味精、料酒适量，葱、姜腌制 10 分钟；

3. 将腌制好的鲳鱼放入煎锅中，加色拉油 150 克，用小火煎制 3 到 4 分钟至两面金黄。沥干色拉油，撒上苔菜，即可出锅。

特色：

鱼身色泽金黄，肉质鲜嫩。

盐酒烤杂鱼（镇海十碗）

原料：

杂鱼（小梅鱼、小鲳鱼、小玉秃鱼、泥鱼、白虾等）。

制法：

1. 将杂鱼洗净；

2. 平底锅下少许水，加盐、味精、料酒、葱、姜，下杂鱼小火煨熟，收干水分，加少许色拉油煎到金黄焦香即可。

特色：

鲜美可口，回味无穷。

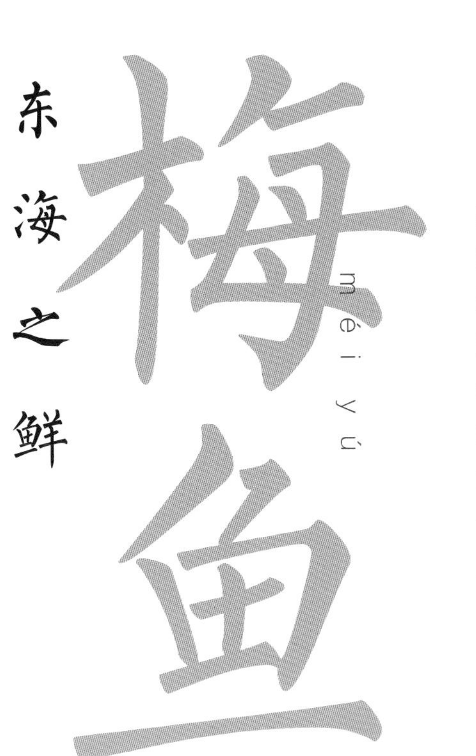

你可能不知道，菜场上常卖的小黄鱼其实是“小梅鲜”——年轻人逛菜场，见到各种和黄鱼“沾亲带故”的鱼，往往李逵李鬼分不清楚，统统称之为“小黄鱼”。殊不知这里头门道多多，只怕需要多吃几年厨房烟火才能熏陶出来。梅章鱼和梅子鱼的个头都比小黄鱼小，最小的梅子鱼仅大拇指大。梅子鱼就是大家口中俗称的“梅鱼”，和大、小黄鱼同属于石首鱼科，肉质细嫩，口味不比大、小黄鱼差，和小黄鱼相比，梅鱼的头部更圆、更大，外表金黄色更深，一般一两重的多见，一两半一条的已经是极品了。

慈溪十碗中，有一道菜叫菜卤蒸杭湾梅鱼。这道菜咸鲜合一，口感极佳，向来有“鲜掉眉毛”之称。传说旧时杭州湾畔有一个渔夫，年少时曾在私塾里上过几天学，后来因为交不起学费不得不退学。某天，昔日的同学来访。两人相谈甚欢，忘了时间。饭点将至的时候，屋外下起了滂沱大雨，菜场又离得较远。正好前一天下海捕捞的梅鱼还在，渔夫决定利用有限的食材招待客人。他将梅鱼洗净之后，放于盘中，想放点佐料发现家中什么都没有了，就舀了两勺菜卤浇在鱼上。饭菜煮好后，他那位昔日的同窗对菜卤蒸的梅鱼赞赏有加，连说“好吃”，并向他讨教了烹饪方法，回去写了篇题为“菜卤梅鱼赋”的赋文，在坊间和学界广为流传，这道菜卤蒸杭湾梅鱼也成了美食榜里响当当的珍馐。

梅鱼鲜嫩美味，不仅可以独挑大梁，也可以和小鲳鱼、小玉秃鱼、泥鱼、白虾等小海鲜一起做盐酒烤杂鱼。这些镇海渔民早潮、晚潮货中拣剩下来的所谓“下脚货”，其实都是活蹦乱跳、透骨新鲜的小海鲜，深受沿海居民的喜欢。以前涨网船一到，花一点钱就可以拎回一小篮，大一点的晒鱼干，小一点的放点盐、酒、姜、葱，汇于一盘之内混搭烤制。各种鱼类的鲜香相互渗入，馥郁香气十分诱人。其口味鲜咸可口、鲜洁开胃，别有风味，曾是阿拉镇海老百姓的廉价家常菜。这道老底子的烤杂鱼，看上去简单，貌似说不出太多的门道，但实际烤煮时分寸很难把握，需要丰富的实践经验。凡是喜欢吃海鲜的人，吃过没有不喜欢的。夏日乘凉时，一筷小鱼，一口啤酒，生活就是这样简单而快乐。

菜卤蒸杭湾梅鱼 （慈溪十碗）

原料：

杭州湾梅鱼、菜卤、生姜、葱、黄酒。

制法：

1. 梅鱼洗净沥干水分；

2. 然后将梅鱼围放在盘子里，放上葱段、姜片，加入菜卤、黄酒、味精，旺火沸水蒸 3 分钟即可。

特色：

菜卤突显梅鱼肉质的新鲜细腻。

梅花落早 溪上梅鱼风信好
溪水悠悠 侬饮溪头汝饮流

——【清】陈衍

鲻鱼

zī yú

东海之鲜

俗话说：“千鱼万鱼，不如鲻鱼。”在浙江沿海地区，鲻鱼也叫乌鲻，体形犹如纺锤，细长，头短而宽，有大鳞，为近海鱼类，对渗透压的调节能力尤其发达，故而能往来海水与淡水之间。每当春暖花开之季，正是品尝鲻鱼的大好时节。当地自古有“春鲻夏鳎”之说，即春天当食鲻鱼，而夏天应吃鳎目鱼。鲻鱼以丰富的海藻为食，肉质丰腴。春季是鲻鱼产卵期，故春食鲻鱼，肥美鲜嫩至绝。钓鱼人最喜欢的就是这种体形较大的鲻鱼，许多钓鱼人自从钓了碧海金沙的鲻鱼之后，就很少会去钓别的鱼种。首先就是鲻鱼的冲劲非常强，有种说法叫“一斤鲻鱼五斤草”，就是说，一斤鲻鱼的冲劲能有五斤草鱼的冲劲。一条五六斤的鲻鱼，冲劲和二十几斤的鲤鱼相当。作为一个钓鱼人，每个人心中都有一个大鱼梦。但是大鱼往往可遇不可求。所以，这个时候鲻鱼就成了完美的替代品。鲻鱼与鲢鳙同属滤食性鱼类，主要靠鳃耙滤食。鲻鱼的嘴比鲢鳙小了许多，采食时所产生的吸、吐水量较鲢鳙要少，吃口小而文静。再加上鲻鱼一般都生活在沿海地带，海边由于海风的原因，风浪比较大，在大风大浪中能抓住鲻鱼那轻微的吃口，给了钓鱼人独特的成就感。

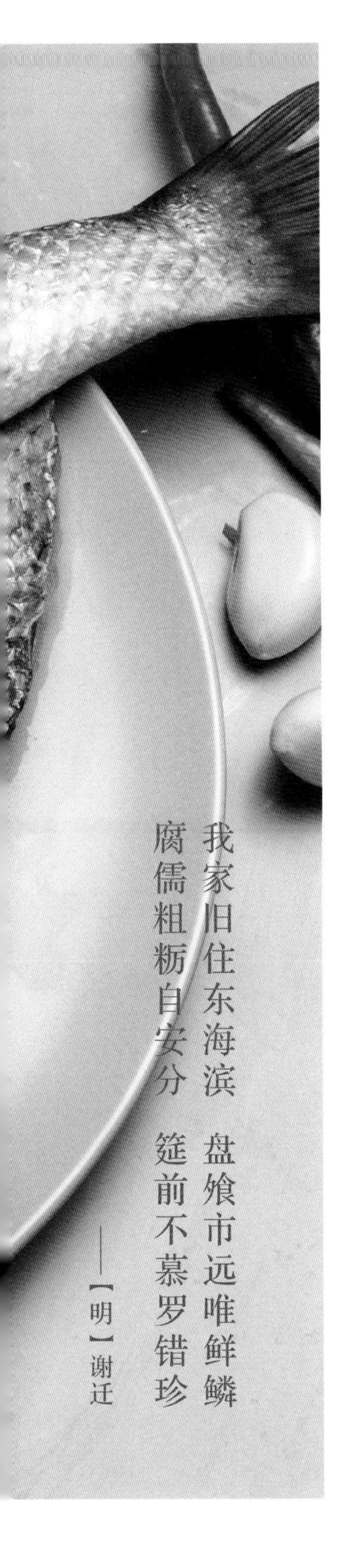

榨菜烧拉钓鲻鱼这道菜可以说是集大地和大海的精华于一身，它吸收了榨菜的“泥土味”和鲻鱼的“海鲜味”，汤汁鲜而美，鱼肉嫩而肥，极具营养价值。据说，民国初年，慈溪周巷有一户姓曹的人家，家贫无以为生，兄弟二人靠着种植榨菜和捕鱼将就度日。有一次，二人遇着风浪，出海回来晚了些，到村里已过了饭点，捕到的两条鲻鱼无人购买。他们本想留待第二天去卖，怎奈肚里直敲《将军令》，只能自己煮了来吃。因为家徒四壁，连买葱姜蒜的钱都找不出了。为了去除鱼腥味，他们将腌制好的榨菜切成丝，与鲻鱼放于一处。刚要开吃，邻居来家里串门，闻着香味，哈喇子直流。兄弟二人略一邀请，他便不客气地吃了起来，越吃越觉美味。第二天，他将这事传播了开来，很多人跑来向兄弟二人取经。榨菜烧拉钓鲻鱼也因此成了一道乡间流行的名菜肴。

榨菜烧拉钓鲻鱼（慈溪十碗）

原料：

拉钓鲻鱼、周巷榨菜、生姜、葱、猪油、黄酒等。

制法：

1.鲻鱼宰杀洗净，切一字花刀，榨菜切丝；

2.炒锅烧热滑油，入鲻鱼煎至金黄，加黄酒、姜片、水和猪油烧至汤泛白，加入榨菜丝煮，加盐、味精、葱段，装盘即可。

特色：

汤汁奶白，鱼肉细嫩鲜美，营养丰富。

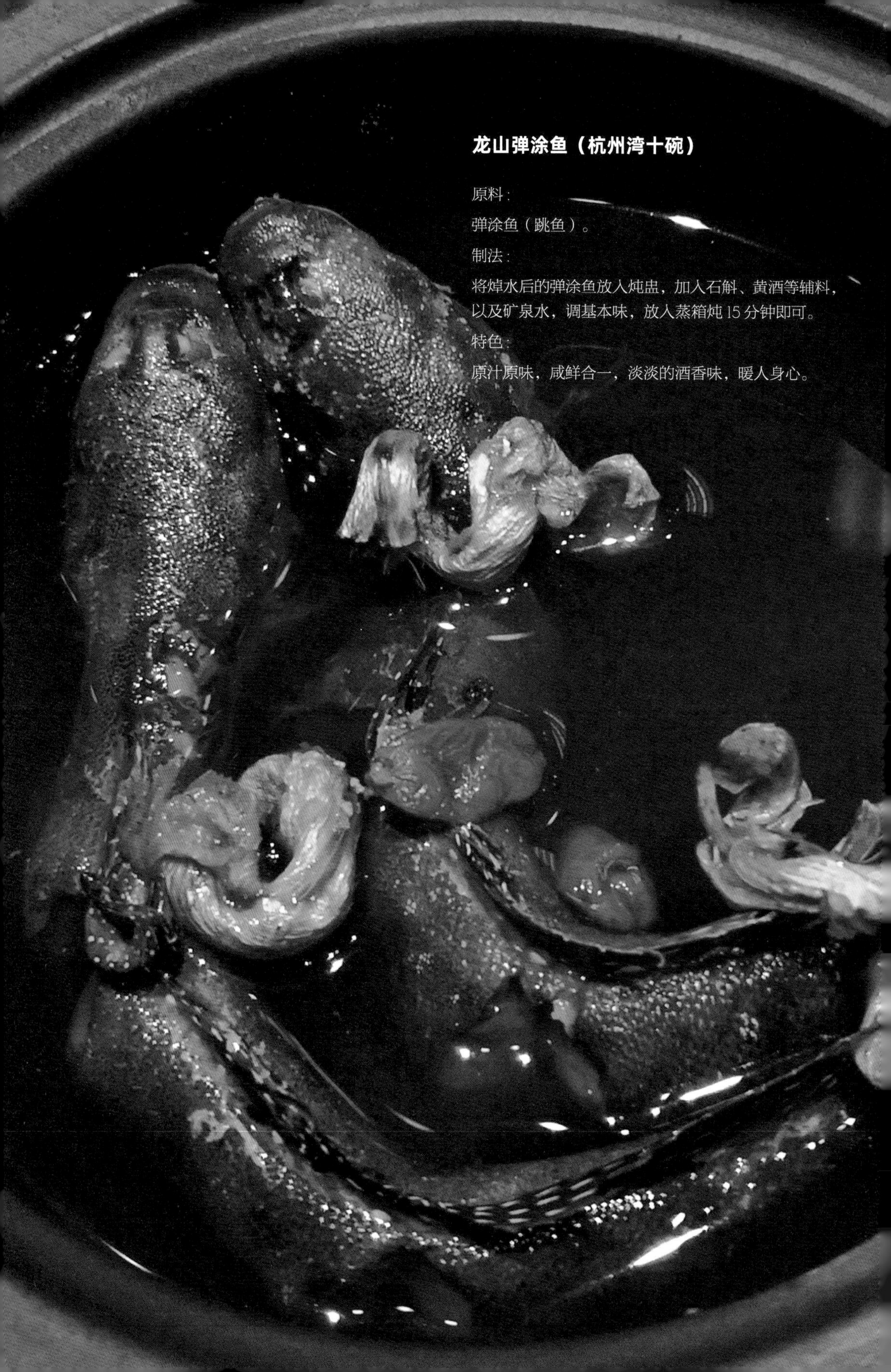

龙山弹涂鱼（杭州湾十碗）

原料：

弹涂鱼（跳鱼）。

制法：

将焯水后的弹涂鱼放入炖盅，加入石斛、黄酒等辅料，以及矿泉水，调基本味，放入蒸箱炖 15 分钟即可。

特色：

原汁原味，咸鲜合一，淡淡的酒香味，暖人身心。

东海之鲜

一部《舌尖上的中国》让五湖四海的食客们迷恋上了弹涂鱼不起眼，却又鲜美无比的“小身段”。对于海边的人来说，弹涂鱼是源自滩涂的快乐，长久以来，自成一派。

在餐桌上，食客喜欢称弹涂鱼为跳鱼，这一叫法似乎更符合它可以生活在陆地上的鱼类形象。跳鱼是鱼中的天才，它们一生有很多时间都不在水里度过。若是生存的环境周围有树，它们会很高兴爬到树干或树枝上去。它们把腹鳍当作吸盘，用来抓住树木，用胸鳍向上爬行。跳鱼的鳃周边长有小口袋，可以盛住一次呼吸的水，保持身体湿润，很像人屏住呼吸下水探索的过程。它们能爬上树，所以能在涨潮时待在水域外，等到退潮时再回到滩涂。

捕捉跳鱼，不同地域有不同的手法。福建霞浦人用的是钓竿钩钓的方法，简单粗暴；而在宁波的沿海滩涂，涂民们则喜欢用下笼子的方式静候佳音，显得更为优雅。这里的鱼笼是专为跳鱼准备的圆柱形管子，一头封闭，一头开孔，管身刚好是跳鱼可以钻入，却无法借力爬出的粗细，一般用口径三四厘米的毛竹桶最为合适。选择跳鱼活动的区域，闭口朝下插入竹筒，开口处与滩涂齐平，用一些泥遮掩伪装，然后画个圆作为标记。跳鱼和黄鳝一样，有在滩涂上挖洞栖息的习惯。设计好了这些“天然”泥洞，等候1小时左右，便能来收笼了。听着简单，但要准确抓到，设陷者要熟悉跳鱼的行动轨迹，经验丰富的涂民往往设一个陷阱，能捉两三条跳鱼。收成好的时候，一次能捉二三十斤跳鱼，但这是耗费体力的力气活，现在会抓跳鱼的涂民也越来越少了。

跳鱼上市的旺季为每年农历五月到九月，时间较短，而且离开了自然的生活环境，鲜活的跳鱼活不过一星期。新鲜跳鱼的肉质鲜美细嫩，爽滑可口，含有丰富的蛋白质和脂肪，特别是冬令时节的跳鱼肉肥腥轻，故有“冬天跳鱼赛河鳗”的说法。一条跳鱼，剔下一侧的肉，轻夹鱼头，用巧劲一拽，鱼骨就能被提起来，留下另一侧的洁白鱼肉，掌握了这样的吃法，一大盆跳鱼不多时便可见底。

跳鱼烹调方法多样，可清炖、红烧、油炸、汆汤，各有各的风味。跳鱼的产季很短，想要尝鲜，就得亲临产地，宁波沿海一带的农家菜馆几乎都有拿手的跳鱼菜品。

墨鱼

mò yú

东海之鲜

“姑娘穿件紫花衣，背块银板作嫁妆，立夏上山到婆家，小满节根做生姆。”这是一则谜底为墨鱼的民谣，在江浙沿海一带广为流传。墨鱼，又称乌贼，是软体动物门头足纲乌贼目的动物。遇强敌时，墨鱼会以“喷墨”作为逃生的方法并伺机离开，因而得名。其皮肤中有色素小囊，会随“情绪”的变化而改变颜色和大小。传说秦始皇有一次坐船，欲与神话里的东海海神相见。他初来东海，举目而望，深深震撼于东海的波澜壮阔，气吞日月，欲题

下网初寻郭璞台
载酒休斫琴高鲤
烟沈半篮
春潮千尾
——【清】赵熙

字留念。随行官员马上从笔墨袋中取出笔和竹筒，蘸上墨汁递上，谁知他脚下一滑，拎袋的手一松，笔墨袋坠落海中，一触水面，立刻化形，摇头摆尾游向深海远去，那便是墨鱼了。

对生活精益求精，是七千年前就深刻在宁波人骨子里的执着。靠海吃海，更是宁波人深入血脉的追求。宁波人对海鲜的烹饪制作，早已炉火纯青，自成一格，对熣海鲜更是情有独钟。大熣墨鱼，便是其中一道经典甬菜。以腐乳汁调味，以猪肉提鲜，将墨鱼的鲜嫩展现得淋漓尽致，做完之后，菜品呈现玫瑰色，香气诱人，真正色香味俱全。

除了墨鱼，墨鱼蛋也是宁波人餐桌上的常客。从汉唐开始，便有“八珍”的说法，美味佳肴、珍贵的烹饪原料被叫作“珍”，杜甫、白居易、陆游都曾写诗提及。到清代，海八珍便出现在满汉全席中，这道古时只有贵族才能享用的佳肴，如今走进了象山寻常人家，成为象山十碗中的一道。尽管它来头颇大，做起来却不难，将墨鱼蛋、牡蛎、贻贝肉、蟹腿肉、黄鱼鳔、虾仁、蛤蜊肉用刀切成小件，放入黄焖汤中滚煮，用盐、鸡汁调味，放入菜心，装盆即可。用精致的汤碗盛一小碗，满满的食材在晶莹玉润的汤汁里若隐若现。舀一口金黄汤汁入喉，多种食材的味道一齐在口腔绽放，口感丰富，滋味万千，鲜美无比。

象山海八珍（象山十碗）

原料：

海葵、牡蛎、虾仁、墨鱼蛋、贻贝肉、蛤蜊肉、蟹腿肉、黄鱼鳔等。

制法：

1. 将老母鸡、老鸭、火腿、筒骨、凤爪熬成浓汤；

2. 将金瓜制成茸，放入浓汤熬成金黄色；

3. 将海葵、牡蛎、虾仁、墨鱼蛋、贻贝肉、蛤蜊肉、蟹腿肉、油发黄鱼鳔、豆瓣、笋片放入金汤煮熟调味，勾芡，放入象山特制海八珍器皿内即可。

特色：

八鲜合一，汤鲜味美。

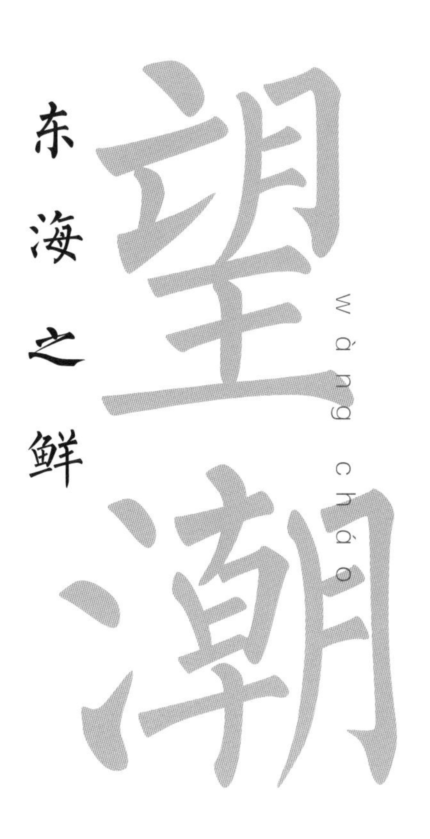

望潮，又称八爪鱼，是本地餐桌上最为常见的小海鲜。门外汉容易把望潮同章鱼划为一类，那就等着娇俏玲珑、摇曳生姿的望潮甩你一个高傲脸吧。望潮虽也是八爪，但通体透明，浅灰中隐着棕白色，细腻如同玉石，因《舌尖上的中国》介绍它是“东海渔民最拿得出手的看家菜”而一夜成名。这个富有诗意的名字，源自每当潮汛来临，滩涂中的望潮便会从洞穴里探出身来，迎着海潮摆动触角，好像在招呼潮水。过去老渔民就是凭此判断潮水的涨落的。

每年的春、秋两季是望潮的最佳赏味期，然而因它身小、触手细长又极为灵活，处理起来颇费工夫。烹煮前，望潮们都得先经历摔打的考验，“性格”坚挺的才有资格入锅。旧时渔民会用辣蓼混合辣椒将望潮包起来往石板地上摔15分钟左右，直到望潮头部发硬，肢体笔直。这一步讲究手法、力道，摔、跌时望潮不能破损，又要使它八足捧头，才能收获最好的品相和口味。如今巧妙点的厨师也会一手捏住望潮的头部，沿着烧热的锅沿轻轻划烫望潮的触手，让它在烹饪时仍然保持好的品相。

红烧涨望潮（鄞州十碗、象山十碗）

原料：

小望潮、蒜片、姜片、干辣椒面、黄酒、酱油、老抽、米醋等。

制法：

1. 在望潮盘中放入干辣椒面，将望潮与干辣椒面一起摔打15分钟左右，使望潮头部变硬；

2. 锅中放水把望潮过水捞出备用。锅中放油把姜片、蒜片炒香，加入黄酒、酱油、老抽、米醋、白糖、半勺水，再放入望潮，小火烧制5分钟左右，使汤汁变浓。放入味精、鸡精，以及适量色拉油收汁，装盘即可。

特色：

酱味浓厚，鲜香糯脆，色泽红亮，渔家风味。

私家萝卜煒郭巨望潮（北仑十碗）

原料：

小望潮、小萝卜、大蒜叶、红椒、鲍汁。

制法：

1. 先将小萝卜洗净，对半切开稍作改刀修饰；

2. 大蒜叶切末，红椒切圈备用；

3. 起锅烧热加入菜油，倒入小望潮、小萝卜翻炒至
生，调入鲍汁、鸡汁、老抽继续翻炒均匀后，再倒
高汤烧开；

4. 倒入高压锅内压15分钟，直至萝卜软糯，入口即

5. 将压好的萝卜倒入锅中收汁勾芡，淋明油即可出锅

特色：

软糯鲜香，入口即化。

望潮烧法各异，无论是咸菜煮、清炒、白灼、蒸都各具风味。而最显功夫的当属红烧。宁波菜的浓油赤酱，用在海鲜上更是透着肉食无法比拟的鲜香之气。望潮入锅应不停翻炒，避免炒焦。料酒、酱油、香醋、糖等调料下锅要快，让望潮均匀包裹赤色酱料，用蒜、辣椒等辛香料调味收汁，每一步都要讲究火候，最忌讳过老。

烧好的望潮，表层的胶原蛋白和调料相遇，形成浓油赤酱的自来芡。鲜亮的颜色，莲花宝座似的形态，满屋四溢的香气，赚足了食客的食欲。吃望潮的顺序也有讲究。俗话说：“九月九，望潮吃脚手。”得从脚开始吃，布满吸盘的八足嚼起来颗粒分明；再吃身体，若是时节赶巧，还能尝到满肚的膏黄香。满口咀嚼着小小的望潮，仿佛亲身探入滩涂泥穴，海风与泥土的味道扑面而来，而被浓厚酱汁包裹的望潮一口便在舌尖弹开，鲜香糯脆，充满了浓浓的渔家风味。

这道带着浓郁滨海渔家特色的菜肴，不仅体现了宁波人勇立潮头、勇于创新的拼劲，也寄托了奔走异乡的游子们的思乡之情。每每回乡，总少不了一道望潮，感叹一句 “米道交关好”。

性寒未制嫌微毒　味美经调始作珍
宾主莫忘姜醋德　深秋饕餮腹如春

——【清】郑性

地处沿海的宁波，蟹多而繁杂，各个种类，各有倾心者，然而遍及甬城能获最爱之称的非梭子蟹莫属了。宁波人管梭子蟹叫白蟹，或者鲜白蟹，甬上闻名天下的红膏呛蟹用的就是梭子蟹。每逢过年串门，即便平日里手头紧巴巴的人家，也在宴客这一天勒紧裤腰带去备上一份红膏呛蟹，这不仅是面子，更是宁波人代代相袭的文化。

秋风起，膏蟹肥。选用生的梭子蟹，买来后用刷子刷净，用饱和盐水腌几小时到一天光景，捞起就能食用。腌制咸蟹还有要诀：雌雄不能放在一起腌制，这样才能使蟹黄、蟹膏保持不沙；不可用嫩蟹；需全活，螯足无伤。腌制好的咸蟹一打开，红艳艳的半凝固的膏，淡黄色的流黄，半透明的蟹肉晶莹剔透，闪着玉石般的光泽。品质上乘的红膏呛蟹咸味相对偏淡，吃的时

连日天街候驾归　且呼酒对早梅飞
从来更部高情别　右手分将老蟹肥

——【宋】高似孙

候加一点黄酒调味更显鲜美。咸蟹的切法和摆盘亦很讲究。螃蟹切开后，红膏满腹，而待客之道就是要让每一位客人都吃到红膏的美味，所以要保证切下来的每一块螃蟹上都带有红膏。

咸度恰好的红膏，有着极为鲜美的口感，不似鱼肉蛋白质的绵密，半固态半流质的红膏鲜味犹如来自海洋深处，只消一点点便在口腔之中荡漾开来，以微微的咸衬托着，如同遨游碧海。螃蟹不仅好吃，更有清热解毒、养筋活血、增强体质的功效，能够为机体补充丰富的精氨酸。

以前渔民出海捕捞的时候，因为没有冰块用来保鲜，就把捕上来的活梭子蟹倒入船舱，再灌入海水，放一点盐，把活蟹呛死，“呛咸蟹”也由此得名。宁波人素有“十二月吃红膏呛蟹”的传统，每至霜冻时节，象山港的梭子蟹开始凝膏，到了农历腊月，红膏几乎占据了整个蟹壳，冬至无疑成了吃红膏呛蟹最好的时节。

用“活色生香”来形容红膏呛蟹最为妥帖。“活”指的是梭子蟹，“色”指呛好的蟹膏红肉白，“生”是生的直接吃，“香”自然是指咸又透骨的鲜香。“红膏呛蟹咸咪咪，大汤黄鱼摆咸齑”，这句押韵的方言形象概括了宁波人对红膏呛蟹最直观的热爱与推崇。因而，红膏呛蟹也被称为“宁波第一冷盆”，那种咸咪咪又透骨鲜的味道，是每个宁波人心头永远的故乡味道。

慈城年糕炒白蟹（江北十碗）

原料：

慈城年糕、白蟹、洋葱块、大蒜、生姜片等。

制法：

1. 倒油，热锅，放洋葱、姜、蒜，爆香；

2. 把蟹切块，放入锅里，翻炒变色；

3. 放入年糕片，倒入料酒、生抽，放少许糖，并加少许清水，翻炒均匀，收汁即可出锅。

特色：

蟹味浓郁，香气扑鼻。

老宁波谚语里有一说：“八月蝤蛑抵只鹅。”蝤蛑就是青蟹的俗称，谚语的意思是农历八月的青蟹对人体滋补力强，吃一只青蟹相当于吃一只鹅。大概好吃螃蟹的人从来只心醉于舌尖美味，却还不曾想过原来还有一种螃蟹可以做到滋味和功效双全的。老底子人家有习俗，正逢秋日，朋友、亲戚若有新生孩子的，就会送几只活青蟹过去，据说是妇女“坐月子”吃的滋补佳品。时令中的食物，积攒了它一个阶段或者短短一生中全部的能量，有时巧妙得像一个精心设计好的仪器，带着使命感来到世间。

对土生土长的宁波人来说，青蟹真是再熟悉不过了。许多住在海边的宁波人都有过童年在海涂上捉野生青蟹的记忆。青蟹体格巨大，生性凶猛，攻击性强，若不小心被它的钳子夹住，整个手指都可能被夹穿，但宁波人吃起青蟹来还是毫不含糊——谁叫它如此美味呢？宁波青蟹虽然一年四季都有产，但自端午至中秋，才是青蟹一年中最好的时节。这段时间的蟹子，可谓“一肥二香三鲜”，滋味迷人。这时的青蟹肥硕，底气足，只需清蒸。咬开蟹脚便有蟹香浓郁扑鼻而来，口感极甜；掀开壳盖，脂膏满腹，绵香一如上好的糖炒栗子。到八月十二左右，青蟹的质量达到顶峰。再有一个多月的好辰光，到农历十一月以后，青蟹便回洞中冬眠了，这时的青蟹不容易捉到，即便有，也瘦了，口感大打折扣。另外价格也高，也只一些害“相思病”的食客买来尝尝鲜。

蛮珍海错闻名久 怪雨腥风入座寒
堪笑吴兴馋太守 一诗换得两尖团

——【宋】苏轼

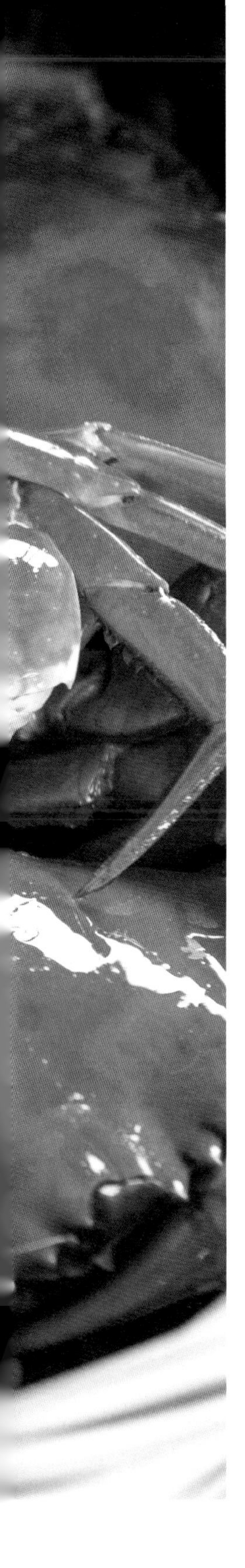

市场上售卖的青蟹，一般都被尼龙带子紧紧捆扎住双螯，就像被困住的斗士。宁波小孩的童年，夏秋时节，总是会在厨房里看到青蟹被清蒸，然后听见它们在锅里挣扎。这就是咸祥人说的“吃活的”。倘若青蟹死了一段时间，嘴刁的宁波人会断然送它们去垃圾桶。这个季节，不管是经典的清蒸、葱油，还是简单的烤蟹、焖蟹，或是青蟹粥、青蟹丝瓜羹，都能尽得蟹的鲜美。尤其是两只大螯，肉质紧实，较之普通的蟹肉更加有弹性。

一市青蟹（宁海霞客宴）

原料：

一市青蟹。

制法：

1. 青蟹洗净；

2. 用筷子杀死青蟹，上置生姜数片；

3. 把蟹放入锅内，隔水蒸15分钟，待蟹蒸熟即可出锅食用；

4. 食用时，去除肚脐，掰开蟹壳，去掉腮肺，调好姜汁蘸食。

特色：

膏红肉厚，原汁原味。

庵东黄甲蟹（杭州湾十碗）

原料：

庵东黄甲蟹、荷叶、糯米、香菇、干贝、萝卜干、甜豆粒。

制法：

1. 将糯米提前浸泡，透干蒸熟和辅料拌匀，荷叶打底；

2. 将蟹块整齐排放在糯米上蒸8分钟即可。

特色：

色香味俱全，营养丰富易吸收。

东海之鲜

“沙蜻四寸尾掉黄，风味由来压邵洋；麦碎花开三月半，美人种子市蛏秧。”若不是最后一句露了题，恐怕谁也想不到这首优雅的古诗是用来赞美蛏子的。每年春天，春光正好，蛏子既肥，这时候，不少懂行的宁波人就会跑去宁海长街的泥地里撒个野，吃个蛏子。

据清《宁海县志》记载，蛏为蚌属，以田种之种之谓蛏田，形狭而长如中指，一名西施舌，言其美也。虽然生活在海泥中的蛏子刚被捞上来时，外壳往往呈脏兮兮的淡褐色，里头肉身却愈发光亮白嫩。配上它头顶伸出的两个小揪揪，很像简笔画版的小白兔，美且可爱。

很快临近炎炎夏日，晚上去大排档喝酒扯淡的时候，桌上若没有一盆烤得焦香四溢的铁板蛏子相伴，总会觉得缺了什么似的。宁海人挑蛏子，要是店家说一句“正宗长街来的”，不论真假都会立刻停下脚步细看一番——来自“中国蛏子之乡”的特产，任谁都不得不服，当地人更将之视若珍宝。传说古时一个乞丐为了报答当地村民的施舍之恩，死后叫人用草席将他丢入大海，等退潮之后，人们惊奇地发现滩涂上布满了蛏子。这个颇有猎奇色彩的故事虽是传说，亦可以窥见蛏子在此地的重要性。

为什么长街的蛏子特别好吃呢？当地濒临三门湾，常年有大量淡水注入，海水咸淡适宜，饵料丰富，涂质以泥沙为主，因而蛏子生长快、个体大、肉嫩而肥、色百味鲜。盐水煮出的蛏子有着如豆腐一般柔嫩的口感，一口吞下去，几乎可以不用咀嚼直接滑过喉咙。这时候最怕吃到满嘴沙子，所以入锅前一定得在水中养个一天半天的，吃时去掉边上的黑线，才是干干净净的蛏子肉。除了简单的水煮，宁波人还喜欢盐烤蛏子的吃法。在平底锅中倒入整包海盐，加入少许花椒、香叶、八角，小火翻炒片刻，待盐略微泛黄，花椒香味溢出时捞出，将蛏子开口朝下放在海盐上，全部码好；盖上锅盖，大火加热 30 秒，再焖 10 分钟即可。这样做出来的蛏子，不似水煮般有肥嫩嫩的口感，却别有嚼劲，而且香气十足。

西施香舌（宁海霞客宴）

原料：

长街蛏子。

制法：

1. 用刷子将蛏子表面清洗干净，用小刀在每个蛏子壳中间划一刀，将整包盐倒在铁板上；

2. 将加工好的蛏子口朝下排列插入盐中，将铁板放在炉上，中火烤 12 分钟左右即可。

特色：

软嫩香滑，透着丝丝清甜。

海上凡鱼不识名
百千生命一杯羹
无端更号西施舌
重与儿曹起妄情

——【宋】吕本中

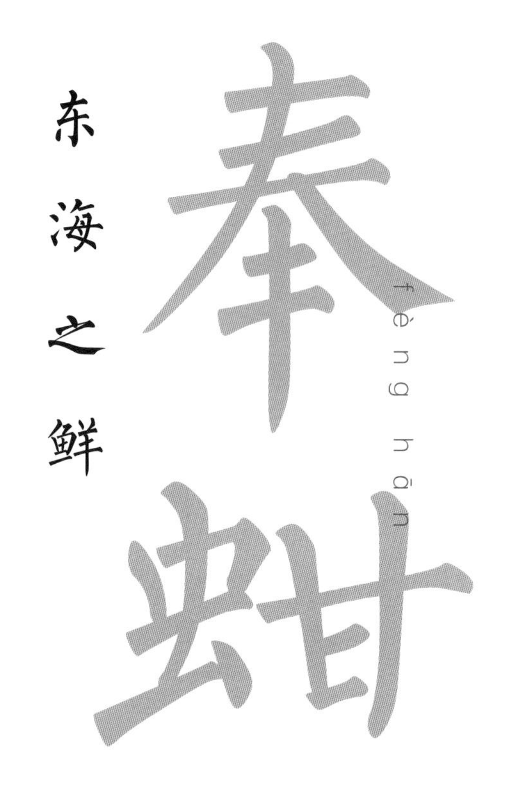

奉蚶，俗称蚶子，属瓣鳃纲蚶科贝类动物。在中国，蚶子的种类很多，其中分布较广、数量较多的有毛蚶、泥蚶和魁蚶等品种。在这些品种里，出产于宁波奉化的奉蚶是较著名的一种。

相比其他五花八门的贝类小海鲜，在老宁波口中，蚶子不仅味美，外形俊朗，而且按老派说法，蚶子还能补血，堪称珍品。既是珍品，宁波人对蚶子的产地也颇有讲究，其中以奉化鲒琦、桐照一带出产的为佳，号称“奉蚶”。袁枚在《随园食单》中说：“蚶出奉化县，品在蛑螯，蛤蜊之上。”奉蚶粒大肥壮，以肉色鲜红、细嫩鲜美，咸味适中，无含口泥而著称。

蚶科贝类，没有鱼类长在各个部位的鳍翼，极少游移，通常依赖流经的海水摄食轻薄的海藻和虾虮，像一个智者，在入定中接受供养。所以说好泥、好水出好蚶，奉蚶的产地鲒琦、桐照地处象山港底部狮子口，这里温度和盐度适宜，滩涂以泥沙质为主，水质肥，饵料充足，特别适合奉蚶生长。此地产的蚶子颗粒较大，蚶肉肥满，蚶血鲜红，无泥腥味，肉味极鲜。

奉蚶养殖历史悠久，据元《至正四明续志》载，其时奉化已有人工养育，谓之“蚶田”。明嘉靖间，养有蚶田 4 亩 2 分。养殖蚶子，先要在海涂筑塘蓄水，第一年冬天种苗，至第三年年初采收，小寒、大寒期间，蚶肉最肥。到了唐元和四年（公元 809 年），奉蚶被列为“贡品”，身价倍增。

奉蚶营养丰富，蚶肉含有丰富的蛋白质、氨基酸及多种维生素。据《本草纲目》记载，蚶肉具有润五脏、益血色等功效，自古以来都是民间喜食的滋补佳品。

宁波人吃蚶子的方法极简，就是烫一下，虽仅有这一步，却极重火候，不能太老，失去了“血淋淋”的鲜美，烫得刚好，可以轻松撬开蚶壳为最佳。初次尝试蚶子的人，会被鲜血淋漓的第一眼吓一跳，不敢动筷，但吃过几个之后，就会发现，这鲜红的汁水和滑嫩的蚶肉，正是蚶子的精华所在，回味鲜甜，风味独到。也可以将鲜蚶洗净后加上黄酒等密封浸泡加工成醉蚶，小小的血蚶肉质鲜美，色泽光亮，挖开来肉质饱满，还有血色的汁液，嘬一口，肉带着微微的酒味和酱香进入口中，醇香爽口。

关于奉蚶还有个有趣的说法，说是凡是正宗产地的蚶子贝壳上的瓦楞不多不少正好十八条，暗含“要发”之意和吉祥富贵的彩头。难怪宁波人宴席中少不了这道菜了。特别是新春佳节，蚶子都是待客的必备凉菜。

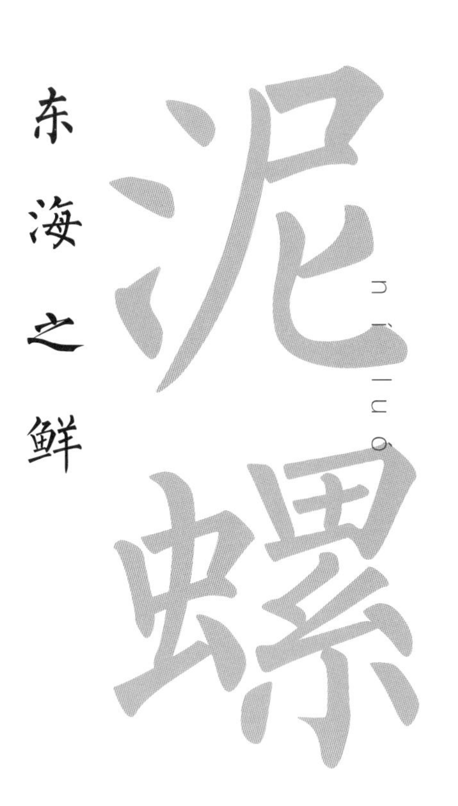

每年桃花季节，正巧是泥螺把肚内的废物吐尽，变得鲜嫩肥美的时候，这时捕获的泥螺无泥茎。而要论品质最好的桃花泥螺，则要数慈溪龙山一带的“龙山黄泥螺”。桃花黄泥螺形如蚕豆，螺壳透薄，肉质剔透呈米黄色，光泽鲜亮。

慈溪龙山沿海拥有大批低潮海涂，由钱塘江、曹娥江等河流泥沙及长江出口泥沙冲积而成，当地人称这里的泥涂为“油泥”，特别肥沃、有营养。泥螺喜生长在低潮位泥涂较软、饲料丰富、水质无污、咸淡水交换活跃和风浪相对较小的滩涂，龙山一带的海涂正是背风向阳，特别适合泥螺的生长。

老一辈的龙山人几乎都有下滩涂摸泥螺的童年记忆，只不过20世纪70年代后龙山开始围涂造地，剩下的海涂也以每年竞标的方式承包给渔民经营，热热闹闹拾泥螺的情景已经淡出了人们的视野，仅存的只有这些渔民靠海谋生的模样。当地人称这类人为“涂民”，每当海潮退去，他们就会赤脚下到滩涂，跨上自己的泥鳗船，这是一种专用于海涂的代步工具。海涂湿软、光滑，若不是经验丰富，或许一下脚就会深陷其中，或是屁股着地。双手握住泥鳗船的扶手，一只脚踩在船上，另一只脚在泥涂上向后蹬，船就能在海涂上快速前行。由于围涂改变了环境，加之近年的气候不稳定，泥螺的产季延后了许久，想要捉泥螺需要划出很远才能找到泥螺群，近岸边的海涂则被跳鱼和小石蟹所占据。

“退潮泥螺涨潮蟹”说的就是要把握捕捞的好时机。一等退潮，滩涂上满是泥螺，它们似还在梦中，趴在泥里一动不动；有的则在缓慢爬行，在泥涂上留下一道弯弯的线痕。鲜活的黄泥螺，体表都是白沫黏液，身段滑溜，不好把控，所以最好将手指合并，以“抄底”手势捞捏，才十拿九稳。泥螺不能用小背篓盛装，否则，泥螺不断吐出的黏液会漏出背篓，吐光黏液后泥螺身体会慢慢变小直至死亡，因此捉泥螺一般会准备一个小提桶将泥螺养着。

笋芙菜梅山泥螺（北仑十碗）

原料：

泥螺、笋芙菜、猪油。

制法：

1. 先将鲜泥螺焯水备用；

2. 将笋芙菜用冷水泡软切成末备用；

3. 起锅烧油倒入笋芙菜翻炒，加入猪油、酱油、味精、胡椒粉炒香，加入少量水后再倒入泥螺翻炒均匀，略焖 3—5 分钟，大火收汁，淋明油即可出锅，撒上葱花点缀即可。

特色：

酱香味足，把笋芙菜和泥螺的鲜味和脆感体现出来。

干菜龙山黄泥螺（慈溪十碗）

原料：

龙山黄泥螺、笋干菜、黄酒、生姜、葱。

制法：

1. 笋干菜用水泡好后切小段，炒锅加水烧开，放入泥螺氽水捞出；

2. 炒锅烧热加少许油，下姜末、葱白煸香，放入笋干菜，翻炒一下，放黄酒及少许清水烧沸，放入泥螺，加盐、味精，翻炒一下，装盘即可。

特色：

泥螺滑嫩鲜美，汤汁甘鲜。

美人鱼之吻（宁海霞客宴）

原料：

咸泥螺。

制法：

1. 取用宁海长街的咸泥螺，先用矿泉水漂淡口味，然后将姜片、啤酒、白糖调成汤汁，把漂好的咸泥螺浸泡到卤汁中；

2. 等酒味中和咸泥螺的咸涩味后，即可装盘。

特色：

咸中透鲜，满口酒香。

出身沙际海洋洋　无识无知无酌量

敢与蛟龙争化雨　肯同鱼鳖竞朝阳

——【宋】厉元吉

海瓜子物如其名，除长相极似南瓜子外，同样自带一吃就停不下来的魔力。海瓜子学名“梅蛤”，别称“虹彩明樱蛤”更雅，听上去像是什么古代闺秀的耳珰之类。因为外壳小巧玲珑，又泛着淡淡的肉红色，洗净之后的海瓜子看起来确实如同闪着亮光的钻石碎片，好看得很。

海瓜子多长在滩涂等地方，经常群居生活，所以捉起来比较容易。海瓜子盛产于梅雨季节，从芒种到小暑这段时间开始大量产出，进入 8 月份之后，海瓜子是最为肥美的，很多人都会赶在这个时间去找。潮退后的海涂是一个异常丰富的生物世界，柔软黏稠，海瓜子就星星点点地藏在底下。因为长得太小，对新手来说抓海瓜子的过程虽不如大海捞针，却也是整个“海涂大战”中数一数二的难。直接伸手下去一通乱摸，怕是半天也填不满手中篮底。得跟着有经验的阿姨仔细找寻水面上的一种特殊花纹，挖到下面一指深的地方，基本上百发百中，多捞几把就可以凑一盘，开嗑海瓜子了。

海瓜子的肉虽然比较少，吃起来也很烦琐，比不上其他海鲜，但是仅在味道这一项上，海瓜子的鲜美程度丝毫不亚于其他名贵海鲜，口感鲜嫩，汁液饱满，就连汤汁都是鲜甜的，简直就是人间美

味。在盛夏的宁波，镇海、象山等海边的夜排档里，最兴点上一盘葱油海瓜子下酒。用葱油爆炒的做法，家常味十足，操作简单，唯看海瓜子新鲜个大与否。新鲜的海瓜子色泽橙黄，贝壳紧闭，或张开后用手触之即拢。将海瓜子洗净，葱切段，姜切片待用；热锅倒油，下葱段姜片爆香后倒入海瓜子翻炒，加料酒和生抽，大火翻炒至海瓜子开口即可出锅（时间太久会导致蛤肉掉出，肉质变老）。海瓜子吃起来定要拿调羹舀着吃。不能炒得太过，否则捞上来全是空壳，小片蛤肉孤零零地堆在汤汁里头，倒缺了自己用舌尖分离壳肉的乐趣。

葱油海瓜子（慈溪十碗、镇海十碗）

原料：

海瓜子。

制法：

1. 锅中加水烧开，把洗净的海瓜子放入漏勺中，然后浸入开水中烫至开口断生即可捞出；

2. 将海瓜子倒入盘子中，加入酱油、黄酒、葱、姜、蒜、干辣椒段、白胡椒粉，锅子烧热倒入少许油，烧热后将油倒在海瓜子上面，撒上葱花即可。

特色：

肉质细嫩，味极鲜美，下酒佐菜。

东海之鲜

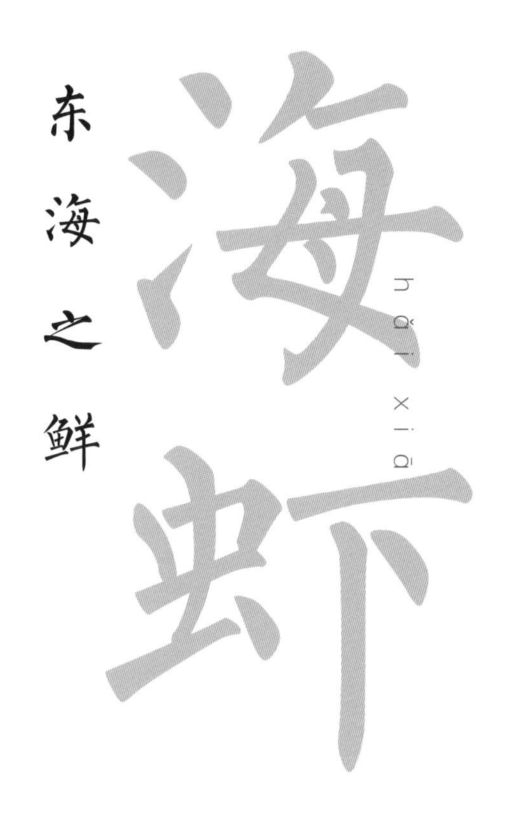

海虾也称红虾、赤虾、大青虾等，是水产、海产虾的肉或全体的总称。而对宁波人来说，海虾可细分为许多品种，例如对虾、活皮虾、红虾、基围虾等，有着不同的产季、不同的口感、不同的烹调方式。

从最常见，几乎全年都能买到的对虾说起。对虾是我国特有的海产珍品，从古到今，我国北方的沿海居民历来习惯以“一对”为单位出售这种大虾，渔民也常常以“多少对”来计算捕获的成果。久而久之，“对虾”的名称就约定俗成地流传了下来。而在宁波鄞州瞻岐椿霖水产养殖场，对虾们以深海为室，藻类为食，300多亩的养殖水面上日日漂浮着虾脑袋。鲜活的虾起起落落，那半透明的虾身和白色的虾脚以及红色的虾须，交缠在了一起，它们通过海鲜车，前往宁波的海鲜市场，再被送上宁波人的餐桌。通过养殖团队的专业培育，这里出产的对虾肉质紧致，腴滑鲜弹，个头超大，堪称“对虾大王”。

每年的 8 月到 10 月，是对虾最肥美的时节，也是宁波渔民最忙碌的时候。除了鲜吃，用对虾制作的虾干也是宁波人的居家良品，可以当零嘴解闷，也可以作为菜品中的提鲜剂。在奉化区裘村镇依山临海的一个村庄，就流传着一种“瓦缸烘虾”的古法工艺。先把刚捕捞上来的鲜虾洗净，然后烧旺灶火，等水烧沸后，就把鲜虾倒入锅里，撒下适量的盐，待虾通体变红，蜷成一团，起锅晾凉，接下来是极为关键的“烘虾”步骤。有经验的烘虾人会选择两只大小相近的虾，首尾相扣，烘虾的缸里生着炭火，大虾被整齐地“挂”在缸外，用 40℃左右的温度让鲜虾均匀受热。经过 48 个小时烘制，虾身里的水分被慢慢烘干，虾肉变得紧致，虾壳变得酥脆，香味也更加浓郁 。

除了对虾，最让宁波老饕津津乐道的则是东海的活皮虾。这是舟山海域的天然环境造就的特色海味，目前还不能人工养殖。这是一种深海的虾，它的外壳是粉红色的，并且当它从海里面出来之后就会立刻死亡，但只要冰鲜保存得当，并不影响它的口感。活皮虾是宁波地区的俗称，这类虾学名叫哈氏仿对虾，是舟山近海拖虾作业渔船每年 11 月到次年 5 月的主要捕捞对象。相较于西沙群岛或北部湾的土虾，活皮虾的壳更硬，口感则更滑口和鲜甜。只需要将虾放到盐水中煮，不需要添加其他的调料，鲜虾的那种“海鲜味”就溢出来了。

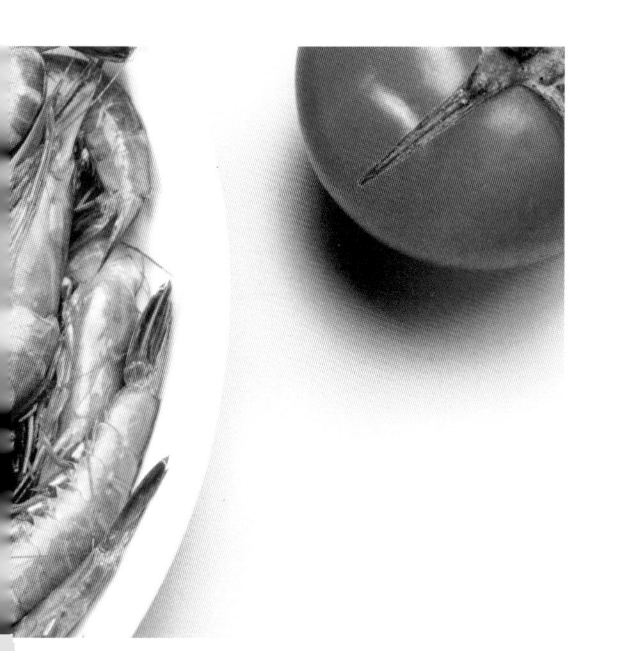

情侣对虾（宁海霞客宴）

原料：

大对虾。

制法：

1. 挑选只重 15—16 克的大对虾进行刀工处理，剔除虾脑及内脏；

2. 锅烧热放色拉油，加热至六成，将清洗干净的对虾放入锅内炸至外酥内熟捞出，另起锅烧热放底油，下葱、姜煸香捞出，然后放入咸蛋黄煸香调味，放入炸好的对虾翻炒均匀。

特色：

鲜咸可口，入口柔软而有弹性。

宁波时令海鲜月历

“善万物之得时。”海鲜是大自然赐给人类的美味，每个时令都有当季的时鲜。在宁波，什么月份吃什么海鲜最时令，是大有讲究的。这里，我们整理了一份宁波的时令海鲜月历，让大家能更好地品味宁波，做一回真正的海鲜“吃客”。

正月

◆ 鲻鱼。

俗话说“千鱼万鱼，不如鲻鱼”。农历一月是鲻鱼最鲜嫩的时节。

贰月

◆ 青鲫、白虾。

二月是一年之中海鲜鱼类上市最少的季节，但小海鲜还是不断，吃法以清蒸为主。白虾最肥美，价格也是一年中最便宜的。

◆ 蛏子、香螺、乌贼。

“三月三，香螺爬上滩”讲的是三月的贝类肥美，是吃蛏子、香螺的好时节。乌贼，即墨鱼，晒干成鲞，是宁波著名的海鲜干货贡品。

◆ 马鲛鱼、黄鲫。

清明前后蓝点马鲛鱼洄游到象山港海域产卵，此时马鲛鱼味道最为鲜美。春夏之交，黄鲫上市量多、质佳、味道鲜美。

◆ 鳓鱼、鲳鱼。

鳓鱼骨硬刺多，鲜白鳓鱼味道当然不错，宁波人记忆中还要数“三抱鳓鱼”了。鲳鱼味道鲜美，清蒸、油煎、红烧皆宜。

◆ 跳鱼、鲈鱼。

跳鱼，当地人也叫弹涂鱼，其貌不扬，但其味鲜美。宁波渔谚有“冬鲫夏鲈”之说，意即鲫鱼冬季最肥，鲈鱼夏季最壮。

柒月

◆ 鮸鱼。

俗话有“吃过鮸鱼脑，宁可弗要廿亩稻”。鮸鱼，俗称米鱼，鱼体比大黄鱼大，肉质也比大黄鱼紧实，其鱼鳔比肉要珍贵。

捌月

◆ 青蟹、白蟹、泥螺。

“八月蝤蛑可抵虎”，蝤蛑指的是青蟹，八月正是吃青蟹、白蟹、泥螺的时候。八月桂花泥螺，粒大、壳薄、肉脆、色黄。

玖月

◆ 望潮。

望潮是章鱼家族中的佼佼者，个儿娇小，身体头腹小的如鸽蛋，大的像鸡蛋。秋季是望潮成熟的季节，满肚子是膏黄。

◆ 带鱼、虾潺。

霜降以后，带鱼进入捕捞旺季，此时带鱼为准备越冬，体内积蓄脂肪，肉厚油润，味道特别好。十月虾潺体白嘴红，“桃花蛏子菊花潺”，这个时候是吃虾潺的大好时光。

◆ 海鳗。

海鳗含钙量高，肉质洁白鲜嫩，味道鲜美，以抱盐、清炖为主要做法，也可做成新风鳗鲞。

◆ 小黄鱼、红膏呛蟹。

农历十二月的小黄鱼肉质肥美，鲜嫩无比，入口即化。黄鱼肉嫩味鲜少骨，有“琐碎金鳞软玉膏”之誉。

钱湖河虾（东钱湖十碗）

原料：

野生河虾、盐、葱、姜。

制法：

锅内放清水 400 克，投入河虾，加入葱、姜，放调料烧熟即可。

特色：

虾形如生，色泽清亮，原汁原味，肉质鲜嫩。

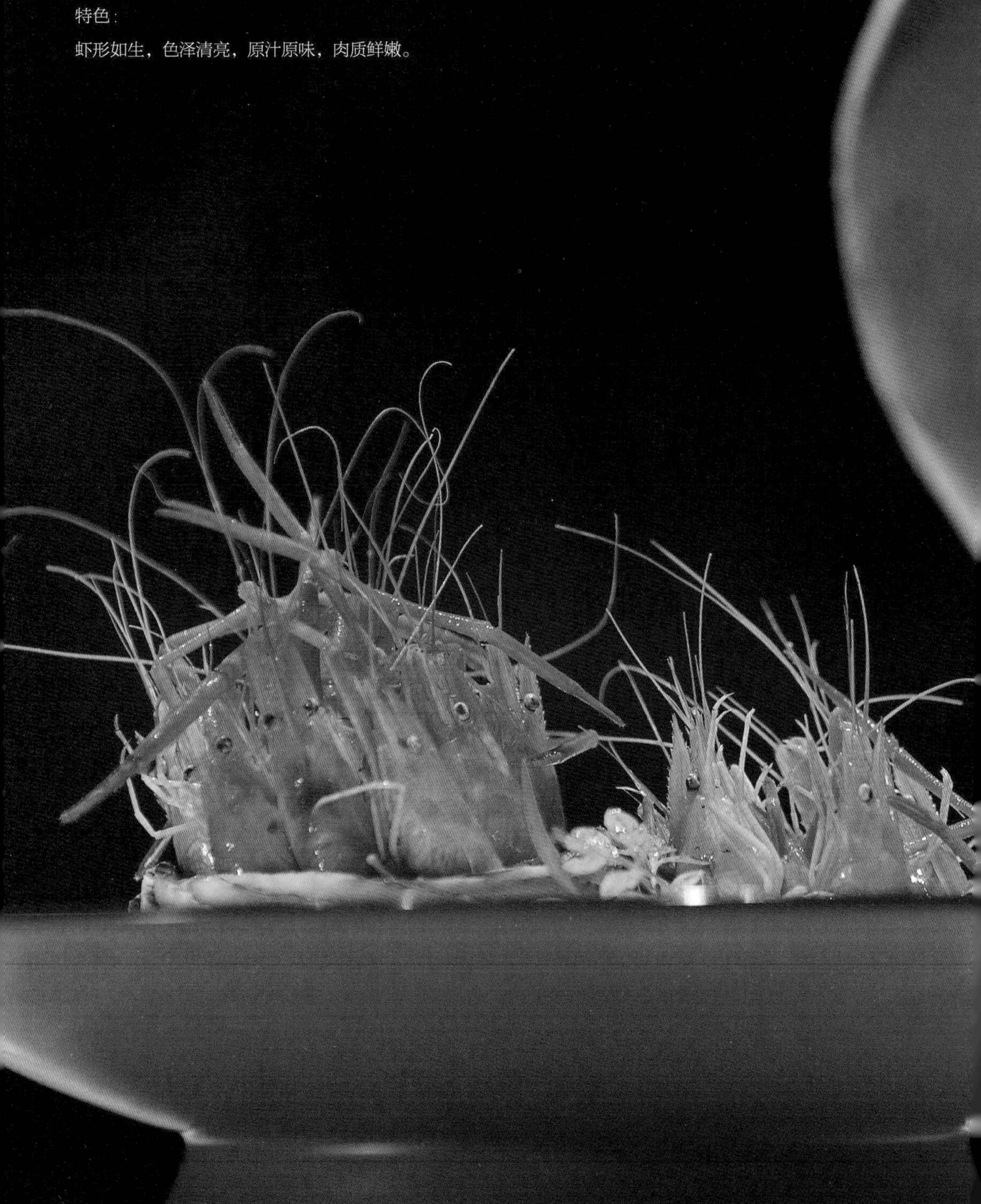

江湖之味

东钱湖环湖皆山，七十二条溪水汇集于此，形成一个巨大的天然水库。碧波万顷，水草芊芊，湖水清冽甘美，鱼虾悠然栖息于此。

河虾广泛分布于江河、湖泊、水库和池塘中，其中尤其以湖中生长的河虾最为优质。通体透明、活蹦乱跳的东钱湖河虾，肉质细腻嫩白，鲜香可口有嚼劲，不但营养丰富而且口感甚佳，是一道受人喜爱的湖鲜。正宗的东钱湖河虾虽然个头不大，但因湖水清澈，受污染少的关系，所含的蛋白质是鱼、蛋、奶的几倍到几十倍，外壳薄且软，带皮吃能够达到补钙的效果。特别是等到河虾的头部长出了膏之后，这鲜味可不是养殖出来的鱼虾所能比拟的。

虽然河虾的烹饪方法很多，但大厨们一致公认钱湖河虾的最佳烹饪方式就是用盐水煮。这河虾入水轻轻一煮，功力全在这轻描淡写的“恰到好处”中，只看在眼里就似乎尝到了虾的鲜嫩。剥去虾壳，什么调料也不蘸，提着虾尾将洁白的虾肉放入口中，淡淡的甜味，肉质细腻，果冻般柔软，鲜香脆嫩满口皆是。虾形如生，色泽清亮，原汁原味，肉质鲜嫩是这道菜的最大特点。此外，用活的河虾以白酒醉呛后，浇以调料做成醉虾，酒的风味和虾的鲜味融合在一起也是一绝。河虾在口中的弹跳力比江白虾要好得多，鲜活野气萦绕舌尖。

东钱湖边一带一直有“带子梅虾”之传说：东钱湖在唐之前，仅为梅湖一隅，而梅湖之名，得之于汉高士梅福真人。梅福乃严子陵岳丈，不满王莽篡权，辞官野游，至甬东，化蛮民改陋习，开山泉垦湖田，捕鱼虾作菜肴，后人遂将湖山谓之梅湖福山，泉称福泉，虾唤梅虾。河虾在梅雨季节，满腹红子，通体肥硕，壳脆肉嫩，鲜爽无比，湖上人家美其名曰“带子梅虾”，是河虾中的上品，湖菜中的珍品。这道菜清淡的口味是钱湖人民亲近自然、崇尚本味的心性体现。

朋鱼

péng yú

江湖之味

湖鲜之美，在于清澈。那些来自山间的溪泉水汇流的水源，也滋养着湖泊里的生灵。在宁波东南，天童禅寺梵音袅袅缭绕的森林之中，三溪浦水库一碧千里静静地平铺在山间。它由天童溪、凤溪、画龙溪三溪汇合而成，因水库主流出自鄞东名山——太白山，又称太白湖，是宁波地区最大的水库。这里群山环抱，沿湖茶园、稻田遍野，水色空蒙，白鹭齐飞，农田山林，几乎无工业污染，这样的绝佳生态环境滋养出的生机勃勃的自然乐园，当然也成了朋鱼的极佳生活之所，太白湖孕育出的朋鱼美味异常。

五月荷花红满湖　团团荷叶绿云扶
女郎把钓水边立　折得柳条穿白鱼

——【元】乃贤

朋鱼又叫翘嘴鲌鱼，自古便是名鱼，隋朝起便作为朝廷贡品。相传慈禧太后60岁大寿时，专门调运翘嘴鲌鱼进宫制作鱼丸子，其鲜美可想而知。三溪浦水库又叫太白湖，广阔而清澈的湖面之下，生长着朋鱼，又叫太白鱼。太白鱼色白如银，长得丰腴而灵动，而且没有一点泥腥之气，有“浪里白条”之美誉。夏、秋两季是太白鱼最肥、最多、最美味的时节。杜甫有诗赞曰“白鱼如切玉”，即形容翘嘴鲌鱼肉白细嫩，其味鲜美“赛蟹肉”。

而能品味这种鲜美的最佳做法便是清蒸。太白鱼宰杀后两边划刀，装入鱼盘，鱼肚下垫竹签（以便鱼底部蒸透）。放入盐、味精、酱油、黄酒、葱段、姜片，蒸约8分钟，洒上葱花即可食用。长条形的鱼身洁白光鲜，色泽红亮，鱼眼凸出，角膜清亮，透着一股清香。入口鲜甜，爽口嫩滑，带着来自山川湖泊的自然之味。简简单单的酱蒸，激发了太白鱼最深层的鲜味。太白鱼不仅好吃，还有开胃、消食、健脾和利水之功效，也是滋养肌肤的理想食品。

酱蒸太白鱼虽做法简洁，却透着大道至简的人生智慧。也正如踏实勤奋的宁波人民，以初心和坚定面对艰难和困苦，最终体味人生的“鲜美”。

酱蒸太白鱼（鄞州十碗）

原料：

太白鱼、姜片、 葱段、酱油。

制法：

1. 太白鱼宰杀后两边划刀，装入鱼盘，鱼肚下垫竹签（以便鱼底部蒸透）；

2. 放入盐、味精、酱油、黄酒、葱段、姜片，蒸约8分钟，洒上葱花即可食用。

特色：

汤汁鱼香，爽口嫩滑，色泽红亮，回味鲜美。

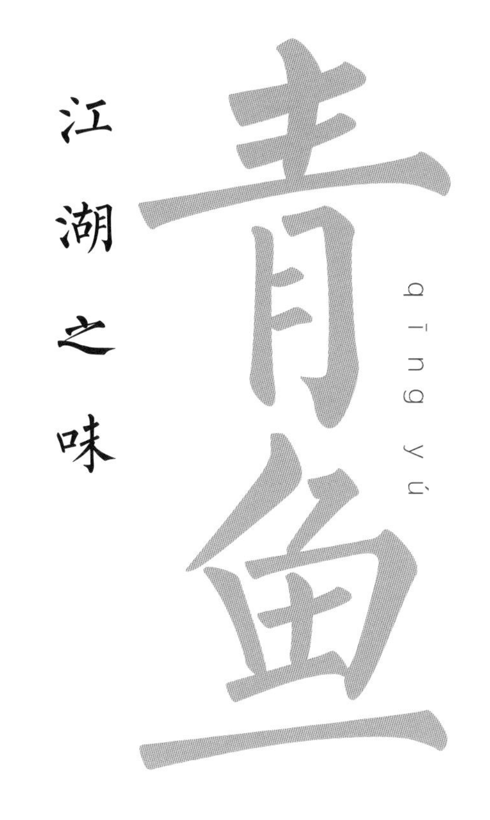

千年名湖东钱湖，被一代文豪郭沫若先生誉为“西湖风光、太湖气魄”，是浙江省最大的天然淡水湖，盛产青鱼、朋鱼、草鱼、鲫鱼、河虾等 80 多种湖鲜。

青鱼划水便是有名的“钱湖四宝”之一。划水，也称甩水，是鱼尾的一种俗称，是指鱼的尾部连尾鳍的一段，是鱼身最活络的部分。东钱湖的青鱼，喜以湖中的螺蛳为饵，故有“螺蛳青”的俗称。东钱湖的青鱼划水，就是选用新鲜的螺蛳青尾巴作料，肉质嫩滑又富含脂肪，在古代被视为湖鲜珍品。

做青鱼划水的青鱼，一般鱼重在十斤左右。取尾部改刀，改刀后的青鱼尾就像一扇有着鱼鳞雕花的扇子，既利于入味，亦看着美观。青鱼划水是红烧的做法，烧制时须多次颠翻而鱼尾不断，十分考验厨艺水平。油锅快煎，小火慢炖，使鱼肉与汤汁充分交融。烧好的青鱼划水，色泽红亮，香味扑鼻，一口下去，肥糯油润，满满的钱湖滋味。

古人云：“仁者乐山，智者乐水。”东钱湖这道青鱼划水，还与大仁大智的陶朱公范蠡有关。“钱湖十景”之一“陶公钓矶”，相传为范蠡隐居钱湖时垂钓之地。此处山陡水阔，石矶突兀，风急浪高，舟船难行，为渔夫舟子所惧。陶朱公遂以青鱼之尾做菜，教与民众，众食之，不仅味美，且得大补，神力俱增，操舟不复怯力也。后此菜广为流传，及至外乡。

僻陋未须谈爨爇 虚无浑似对潇湘
令人苦忆江南路 白酒青鱼上野航

——【明】陈卿

东钱湖人吃青鱼，除了青鱼划水、抱盐青鱼和青鱼干，当数香酥青鱼，即熏青鱼片了。旧时，逢年过节，钱湖人家都会烧制这道熏青鱼片。将腌制好的青鱼片油炸至金黄酥脆，特有的香味飘荡在屋前屋后，吃起来外脆里酥，酸甜可口且嚼劲十足。值得一提的是，熏青鱼片还是宁波传统名菜老三鲜的标配食材。

将青鱼处理干净，片成 2 厘米厚的鱼块，再沿鱼龙骨一劈为二，鱼块以葱段、姜片、料酒腌制 2—4 小时，腌制过夜更佳。之后制作酱汁，将八角、桂皮、香叶封入调料包，待锅中水烧沸，投入香料包，煮约 15 分钟后捞出。放入冰糖煮至融化，先加入花雕酒、蚝油、海鲜酱、生抽和老抽，调匀后再加入蜂蜜和香醋，煮至酱汁浓稠，关火，放凉后冷藏备用。冷锅倒油，大火将油烧至八成热，倒入鱼块，将其炸至表面脆硬呈金黄色，关火，将鱼块捞出沥干油。趁热气逐条浸入冷透的酱汁中，待酱汁均匀地裹在鱼块上，即可取出装盘。

熏青鱼片和南宋史浩有关。东钱湖是宁波第一望族四明史氏的繁衍地，有着“一门三宰相，四世二封王”的荣耀。南宋史浩曾作诗《游东钱湖》：“行李萧萧一担秋，浪头始得见渔舟。晓烟笼树鸦还集，碧水连天鸥自浮。”据传，淳熙二年，宋孝宗过德寿宫，到石桥亭看古梅，命内侍宣史浩。史浩到来，孝宗便赐史浩坐酌小饮，为了奖励史浩对于朝廷的忠心，命膳房制作史浩家乡东钱湖的青鱼招待他。其中有一道青鱼脯腌汁之后经油煎制而成的菜肴，史浩尝后觉得非常好吃，此后但凡宴请贵宾便必上此菜。

青鱼划水（东钱湖十碗、余姚十碗）

原料：

野生青鱼尾一条、土猪五花肉片、洋葱头、蒜、姜丁、葱段。

制法：

1. 青鱼尾去鳞洗净，改扇形花刀；
2. 锅内放食用油将辅料煸香，另将青鱼尾煎至两面金黄，皮朝上，放在一起；
3. 鱼尾加调料烧开，加开水至淹过鱼再烧开，转小火焖 30 分钟左右，中火收汁至色泽红亮即可。

特色：

肉质细腻，口感醇厚，味道鲜美，营养丰富。

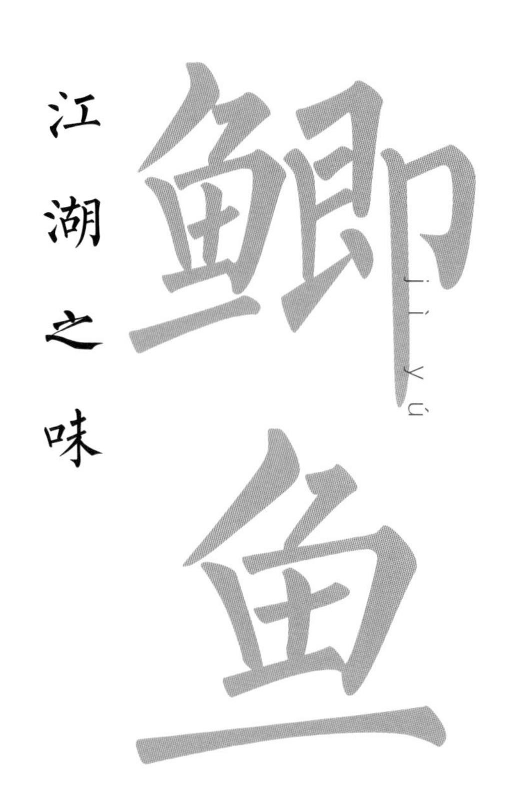

今朝溪女留鲜鲫　洒扫茅檐旋置樽
养老不须烦祝鲠　从来楚俗惯鱼餐
——【宋】陆游

鲫鱼古称“鲋”，宁波人称之为“河鲫鱼”，肉味鲜美而多细骨，肉质较一般鱼幼嫩。李时珍曰：“鲫为佳品，自古尚矣。”古人有“宁吃鲜鲫一口，不吃它鱼一席”之论，其中又以2—4月份和8—12月份的鲫鱼最为肥美。2—4月的鲫鱼是因为处在产卵繁殖期；而冬季的鲫鱼，则是因为生性活泼的它们在风寒水冷、其他鱼类都深居水中寻求安生之际，仍在水中撒欢游移，争食鱼饵，养得一身的丰腴肥厚，并且冬季的河流湖泊水质清澈纯净，更是适于鲫鱼生长的环境，肉质自然更为细嫩鲜美。

冬季是鲫鱼最为肥美之时，其时，越冬的鲫鱼鳞片上分布黑色斑点，当地人也由此称其为“梅花鲫”或“芝麻鲫”，视其为鲫鱼珍品。

多年之前，宁波乡村河网纵横，河水清澈，是众多野生河鲫鱼的乐园。鲫鱼是宁波人最喜欢的淡水鱼，没有之一。鲫鱼是底栖性鱼类，经常栖息在杂草丛生的水域，游弋到有腐殖质的水底觅食。它们喜欢清洁水域和水草，东钱湖的清洁水域溶氧充足，且微生物等杂物少，水质无污染，鱼儿在这样的水域里游动觅食有舒适感，食欲旺。湖底的水草丛生处有鲫鱼爱吃的食物，且隐蔽性强，是河鲫鱼产卵繁殖的天然产床。

不少老宁波都能烧得一手好鲫鱼。鲫鱼的食用方法也很多，适宜于多种烹调技法，氽汤、清蒸、红烧、烘烤、煎炸，无一不美，甚至还可与葱、菜或肉相煒，各有各的味道，可谓百食不厌。鲫鱼可利水消肿、益气健脾、解毒，适用于脾胃虚弱人群。河鲫鱼也有使产妇下奶的功效，想要使熬的鲫鱼汤更加容易下奶，可以在熬鲫鱼汤时适当地放一些通草或者是豆腐。

鲫鱼虽则鲜美，却也刺多。东钱湖的鲫鱼干，恰到好处地解决了这个问题。将鲫鱼的肠子和鱼鳃等脏东西去干净，再进行油炸烤制，将炸后的鲫鱼拿出来，放在平整的容器上面，再拿到大太阳底下去晒，一定要晒得干干的，没有水分了，才能保存得比较久。经油炸烤制的鲫鱼，酥嫩愈加，色香俱全，食之口齿留香。加之多以野生的小鲫鱼为食材，可谓因材施艺，物尽其用，使之成为经久不衰的传统美味。

野生鲫鱼干（东钱湖十碗）

原料：

野生河鲫鱼、葱、姜片、黄酒、食用油、酱油、干辣椒、香料、白糖、醋。

制法：

1. 河鲫鱼去鳞、去内脏，洗净；
2. 开油锅，油温升至六成时，将鲫鱼炸成金黄色；
3. 将调料和辅料烧兑成卤汁，将炸好的河鲫鱼泡在卤汁里卤 10 分钟，捞出；
4. 在阳光下晾晒一天；
5. 晾晒好的鲫鱼入烤箱内烤 25 分钟左右即可。

特色：

香味扑鼻，口齿留香。

江湖之味

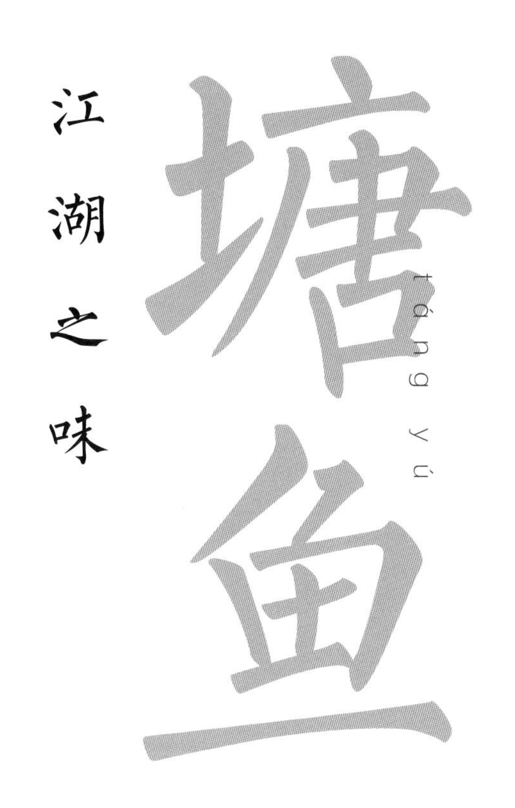

清人李渔在《闲情偶寄》里说："食鱼重在鲜，次则及肥，肥而且鲜，鱼之能事毕矣。"山清水秀的宁波，水库众多，出产的水库鱼，肉质异常鲜嫩弹牙，且没有一丁点土腥味，正是李渔笔下的上好食材。

"岸行幽径水行舟，亭下湖边绿荫稠。山转峰回穿九曲，秀尖叠翠是源头。"地处剡溪上游、距离溪口镇五公里的亭下湖，就像是一块宝玉，时而映照山林变成幽深的墨绿色，时而折射蓝天变得清澈碧蓝，又会伴着季节的更替变换镶玉的装饰，一年四时，色彩缤纷。

由于亭下湖的环湖道路况极佳，车流较少，坡度平缓，所以时常能偶遇到此处骑行的户外爱好者，用双腿和车轮丈量水色。不过，来了亭下湖，还有一件顶顶重要的事要做——尝一尝远近闻名的亭下湖鱼头。

亭下湖鱼头产自优质水源地溪口镇亭下水库，多取花鲢鱼（又称鳙鱼、塘鱼、胖头鱼）之头部入菜。淡水鱼里，鱼头的极品就是这种脑袋胖胖的花鲢了。人们说，花鲢"食在腹，味在头"，据说梁启超也爱吃花鲢鱼头，尤其是鱼脑，北大小吃店的鱼脑羹就被称为"梁公脑"。

来自亭下湖清水中的鱼头，因为水质足够好，所以鱼头没有半分泥腥味。鱼的生长周期长，所以落得一身的紧实“肌肉”，烹饪起来根本无须过多的佐料。红烧鱼头，听着是道大菜，烧法却简单。鱼头切成两半后沥干水分待用，油热入姜、蒜、葱段爆香，将鱼头煎至两面微黄，转放到大号砂锅内，加酱油、热水，小火炖煮。此时，跳跃的火苗犹如武侠小说中的高手，千招百式间把鱼头的鲜味尽数逼出体外，汤汁渐渐浓稠，鲜味与水雾一道袅袅升起。热力催化下的沸腾运动中，清甜的香味直灌鼻尖。浓郁而泛着琥珀色的酱汁间，鱼头颤颤巍巍，而等待中早已泛滥的口水再也把持不住，翻江倒海般涌上舌尖。

鱼头的好吃，尽在一个“滑”字。一筷子下去，丰腴肥厚的鱼唇几欲滑落，满口的胶原蛋白来不及细品，就“咕噜”一下滑入喉间，那丰富的胶质，就是鱼头的灵魂。懂得吃鱼头的人，当然是先解决腮边肉、鱼脑这等嫩滑的“精华”部位。亭下湖鱼头肉多且肉质鲜嫩，鱼肉经过长时间的炖煮亦是软嫩入味。而浓郁醇厚的汤汁，咸鲜而香，是实打实的“米饭杀手”。

鲩鱼头　鲤鱼尾
鲢鱼之腹更甘旨
水鲶土鲫　病人宜食
——【清】屈大均

亭下湖红烧鱼头（奉化十碗）

原料：

亭下湖胖头鱼鱼头、生姜、葱、大蒜、美人椒、五花肉、猪油、酱油、老抽、料酒。

制法：

1. 将新鲜的胖头鱼鱼头刮鱼鳞，洗净，擦干水分备用；

2. 葱切丝，大蒜、红色甜椒切成小片；

3. 锅烧热倒油，先投入葱、姜、蒜，出香味后将鱼头入油锅煎至两面略焦黄，加入料酒、生抽、老抽，加入开水；

4. 用中火烧煮 40—60 分钟，烧至鱼头入味，出锅后撒上少许葱丝、辣椒丝作为点缀即可。

特色：

色泽红亮，鱼肉鲜嫩细腻。

风味熻泥鳅（鄞州十碗）

原料：

小泥鳅、葱段、姜片、米醋、黄酒、白糖、十三香、鸡精、酱油。

制法：

1. 锅中放入米醋、葱段、姜片、杀好的小泥鳅，小火烧至醋汁干掉，倒出备用；

2. 将锅洗干净后放入黄酒、白糖、十三香、鸡精、酱油及小泥鳅，小火烧到汤汁浓稠，出锅装盘即可。

特色：

甜酸软糯，色泽红亮，不腥无油。

宁波位于农田水网十分丰富的平原地带，河道和田地都很适合泥鳅、黄鳝等生长。捉泥鳅相信也是许多人难忘的童年回忆，小心翼翼地辨别泥鳅留下的孔洞，用手指轻轻地挖下去，就能俘获一条活蹦乱跳的泥鳅。

泥鳅素来滑腻，对于活的泥鳅，一般抓都难得抓了，更别说宰杀处理。一般人家会先将泥鳅摔晕，以便处理。然而有经验的老厨师们，会先往泥鳅身上倒醋，再用 80℃的水烫一下，然后倒入竹篮，用刷帚轻轻地朝着一个方向绕圈刷，随着泥鳅表层的颜色慢慢泛白，产生腥味的黏液也就轻松去除了。接着，掐住泥鳅的肚子，用剪刀剪一大半，不能完全剪断，这样就能把泥鳅的肠等内脏挤拉出来。

泥鳅的做法颇多，可煎可炸，而熁是宁波人最为独特的烹饪技法，用小火慢炖收汁，滋味浓缩，鲜美无比，比一般烹饪出的泥鳅显得更加滋味浓郁。熁泥鳅十分讲究，而米醋是熁泥鳅的“法宝”，不但能调味，还能去除腥味。先在锅中放入米醋、葱段、姜片和杀好的泥鳅，小火烧至醋汁干掉，倒出备用。待熁到足够时间，泥鳅身体“开花”，体表开裂后，汤汁渗入，也就更加入味了。之后依次放入黄酒、白糖、十三香、鸡精、酱油及泥鳅。最后一步是收汁，汤由多到少，由稀到稠，尽可能均匀地附在泥鳅上，而泥鳅从水润变得干香，色泽愈发浓郁，一道用足工夫的熁泥鳅就做好了。

一道风味熁泥鳅，色泽红润，酸中带甜、甜中带鲜、鲜中透香，入口细腻，肉质紧密，经过熁制更是去掉了泥土的腥气，让各种层次的滋味在口中环绕。“天上斑鸠，地上泥鳅”，这是食客们对泥鳅的赞美 。

美味的泥鳅、充满趣味的儿时往事，正如宁波童谣所唱“正月正，泥鳅抬老绒”，这道菜饱含着水乡人家小日子的趣味 ，也让奔波在外的游子一口酸甜便梦回少年。

钱湖之吻（东钱湖十碗）

原料

青壳螺蛳、生姜丁、蒜丁、青红椒丁、黄酒、酱油、老抽、醋、白糖。

制法：

1. 螺蛳剪去尾部，在清水中净养一天去泥腥，洗净备用；
2. 锅内放油加辅料炒香，加入螺蛳翻炒，加入调料烧开收汁；
3. 待汁浓稠，淋油出锅装盘即可。

特色：

螺肉饱满，口味醇厚，肉质鲜美，“一吻”难忘。

江湖之味

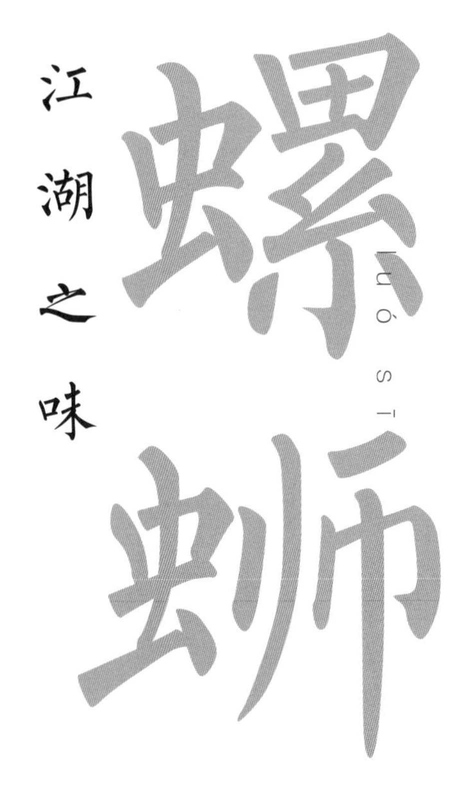

螺蛳

luó sī

在宁波，最有名的螺蛳非“钱湖之吻”不可，从3月上市，到6月后进入淡季。经过一个冬天的蛰伏滋养，湖中的螺蛳个个长得肥硕饱满。无论是营养还是口感，春分前后都是螺蛳的巅峰时期，再晚一些，螺蛳产子，肉就会变瘦，还会嗦出满嘴硌牙的小螺蛳。俗语“明前螺，赛过鹅”“三月螺蛳四月蚌”，就是这样流传下来的。

懂吃的宁波人知道，要吃地道的钱湖螺蛳得选当地人开的小餐馆、农家乐，因为这类餐馆多是找钱湖本地的渔民供货，湖鲜食材最为新鲜。与陶公岛对望的殷湾村一带便住着不少老渔民，只不过现在，捕鱼多变成了他们退休生活的调剂和一门放不下的手艺。捞螺蛳，渔民们都有自己的工具，竹竿、网兜、筛子，类似却又有所不同，多是他们自制的，用得顺手。网兜下去，探到湖底，沿着沙泥石壁一刮、一挽，凭手感和声音便能判断这一处有没有螺蛳。一网上来，洗去淤泥和勾连的水草，将捉到的螺蛳倒入篓子。乍一眼会觉得这篓子长得像老式风扇的外罩，但其实是渔民手工箍的专业器具，镂空的大小使洗去泥沙的同时刚好可以将体形小的螺蛳漏回湖中，留下个头大而匀称的好货，这或许也是钱湖螺蛳生生不息的原因之一。这些捉上来的螺蛳有的被直接拿去湖畔的餐厅，渔民们撑着渔船靠在餐厅的临湖面直接在水上交易，而要拿去市场上售卖的，需要回家加工，剪去螺蛳“屁股”，客人才会买单。

清明时节雨如丝，门外家家插柳枝。
嘲罢螺蛳品兼味，桃花吐铁更含滋。
——【清】胡杰人

螺蛳常见的做法就是酱爆：热锅烧油，加入葱、姜、蒜、辣椒爆香，倒入螺蛳，加料酒、酱油等调料煮沸。螺蛳除了要养，还怕煮老，需要控制火候，一般螺蛳介壳口圆片状的厣开始掉落，便可以出锅了。在钱湖农家，这类的酱爆螺蛳还会混着“钱湖四宝”中的另一宝湖虾一起炒，是这儿的特色。可以将两种不同口感的鲜甜、肥美一起纳入口中，似乎有一种叫人越吃越上瘾的魔力。除了酱爆，上汤螺蛳也是点单率极高的做法，为了突出原汁原味，现在还会用雪菜汁或是新上市的春笋一同煮，都是吊出鲜咸味的绝佳搭档。

真正的吃螺高手，是不需要借助工具的，拨去厣对着螺口一吸，汤汁与螺肉就能直接吸入口中。而这门技术也是需要些许天赋和磨炼的，否则只能借助牙签，挑出螺肉还需要沾一下汤汁，显得过于矜持，没有了嗦螺蛳的豪爽气，不带劲。

冰糖甲鱼（海曙十碗）

原料：

甲鱼、冬笋、冰糖、黄酒、葱、姜、醋、酱油。

制法：

1. 将甲鱼宰杀洗净，切块，冬笋去壳切块；

2. 锅入清水，放入甲鱼、黄酒、葱、姜，用小火焖烧，另起锅入底油，加葱、姜，将甲鱼连原汁下锅，加笋块、醋、酱油、冰糖、酒，烧开后用小火焖烧，旺火调浓收汁，勾芡淋入明油，撒上冰糖即可出锅。

特色：

口味醇厚，肉质鲜美。

在余姚，甲鱼披“甲”战斗，所向披靡，地位非凡。那甲鱼中的“甲”字，仿佛有味冠群鱼之气势。

象山吃海鲜，余姚吃甲鱼。与龙虾这样的“外来移民”不同，余姚的甲鱼可是土生土长的“当地居民”，其历史之悠久，可追溯到7000年前，那时候的河姆渡先人已经有捕捉甲鱼、食用甲鱼的生产活动。相传，100多年前，在宁波海曙临江有一家小酒铺，掌柜以烧冰糖甲鱼著称。有赴京赶考的举人尝过该菜之后，赞不绝口，问其名字，掌柜灵机一动，暗送彩头称“独占鳌头”。之后，其中一位果然中了状元，回程特地书写匾额“状元楼”，小酒铺从此扬名四海。

余姚中心地理坐标位于北纬30度线，我国境内最东部，境内姚江水系为封闭水系，支流30余条，纵横交错，织成水网，并有众多湖塘水库，但只与宁波奉化江水系交汇在甬江三江口直趋入海，与其他淡水水系无交汇，拥有适合甲鱼生长最优越的自然条件。因此，从民国三十六年起，当地便有了人工养殖。

话说一家有女百家求，余姚甲鱼如今的盛况也差不离。从20世纪80年代起，随着市场对甲鱼需求的增加，温室养殖甲鱼逐渐兴起，出现养殖甲鱼水产专业户。1990年起，根据甲鱼的种苗特性，余姚甲鱼从温室养殖移出到室外原生态的生长环境，投其所好喂螺、鱼等活体饵料。经过20多年的精心研究，余姚甲鱼已形成幼鳖到不同年龄段鳖的甲鱼生长体系，发展成生态甲鱼专养、套养、大水面放养等具有余姚特色的生态养殖模式。目前余姚甲鱼套养面积已达3.01万亩，产值3亿元。由于产业覆盖面广，全生态养殖，2011年中国渔业协会授予余姚“中国生态甲鱼之乡”的称号。

这份殊荣并非凭空得来。余姚甲鱼是以余姚河姆渡水系流域土生甲鱼的种源培育养殖而成，具有体薄且呈青色或青黄色，背甲光亮，背部光滑，背疣不明显，腹部白净无明显划痕，裙边光滑且富有弹性，指爪长而锋利等特点。甲鱼肌肉中蛋白质含量高，脂肪含量低，富有人体必需的氨基酸等营养物质，是绝佳的滋补品。美味又营养，自然深受大众喜爱。

秋冬正是甲鱼最肥美的季节。为了窝在水里舒舒服服地度过冬眠，甲鱼们精心囤积了厚厚的油脂，一只只膘肥体壮，举手投足都充满了诱人的美味气息。因为正是桂花盛开的季节，这个时候的鳖还有个绰号，叫“桂花鳖”。不过，论起性价比，当属冬眠之后的“油菜花鳖”最高，彼时，鳖的油脂都被漫长的冬眠消耗殆尽，剩下的肉结实紧致，每一口都十分筋道。

榨菜甲鱼（余姚十碗）

原料：

三年以上的养殖甲鱼、榨菜、扁笋、火腿。

制法：

1. 将甲鱼宰杀洗净斩成块，用开水汆一下洗净血水，笋切块、火腿切片、榨菜切薄片待用；
2. 取大号炖锅或煲1只，放入甲鱼块、笋块、火腿，加满水烧开，中火烧1小时，然后放下榨菜片炖20分钟后加葱、盐。

特色：

榨菜脆爽，甲鱼鲜香。

桥边篱落蝶飞飞　一袭轻装换袷衣
乍雨乍晴春过半　牡丹花放甲鱼肥
——【清】王季珠

江湖之味

九曲溪坑鱼

jiǔ qǔ xī kēng yú

溪口镇，宁波奉化区下辖的一个镇。溪口以剡溪之水而得名，剡溪源头，主流出于剡界岭，由新昌入奉化境，称“剡源”。沿溪风光优美，剡源九曲为古代旅游胜地，由西向东流过全镇，至东端，有武岭头与溪南山阻隔成口，“溪口”之名由此而来。这里山水如画，风景秀美，骚人墨客，探幽揽胜，古代已有“溪口十景”之分，特别是西北的雪窦山，名胜古迹众多，为浙东著名旅游胜地，汉代即有人以“海上蓬莱，陆上天台”来赞美它。

生长在奉化溪口九曲剡溪的溪坑鱼，以石斑为主，学名为光唇鱼，棕黄色的鱼体上有黑色的条纹，常以下颌发达之角质层铲食溪石上的苔藓及藻类，有“山溪小精灵”之称。轻轻地把一颗小零食丢进小溪里，河道里的岩石缝隙里瞬间钻出上百条溪坑鱼，从四面八方蜂拥而上，抢夺漂在水面上的食物。激起的浪花，发出扑通声，让观赏者大为惊喜。此鱼营养丰富，肉质结实，鲜嫩美味，无论是红烧还是清蒸，都是一味可口的佳肴。溪坑鱼肉质细嫩，口味鲜香，细细品味，鱼肉质结实，鲜嫩美味，深受市民的青睐。

九曲溪坑鱼（奉化十碗）

原料：

奉化本地溪坑石斑鱼、蒜片、生姜丝、米醋、料酒、白糖、葱花。

制法：

1. 溪坑鱼洗净，煎至两面金黄后捞出；

2. 将蒜片、生姜丝倒入少量的油中煸炒；

3. 加入鱼和配料，放少许米醋、料酒、白糖，烧3—4分钟后，放葱花，出锅即可。

特色：

鲜甜可口，肉质细腻。

鱼露浸白鹅（象山十碗）

原料：

大白鹅。

制法：

1. 将煮熟的白鹅斩成大块；

2. 将鱼露和绍酒、饮用水调成咸淡适口的卤汁；

3. 将大块鹅肉浸入调配好的鱼露中，泡制 6 小时后改刀、装盘即可。

特色：

口感香嫩，略带鱼露味。

浙东白鹅

zhè dōng bái é

地处象山半岛中部，濒临东海的东陈乡，水系发达，河流交叉成网。依山面海的地理位置，造就了东旦沙滩三面环山的小海湾，曲径通幽。游艇、快艇、帆船、摩托艇、水上飞龙、水上飞伞等一众全新的海上游乐项目，又让这里成了充满活力的时尚沙滩。但对热衷于寻觅美食的老饕来说，东陈乡的名字，除了是度假打卡的惬意选择，还同一种象山的名产相关，是清明时节不能错过的美味。作为象山白鹅节、白鹅推介会等活动的东道主，东陈乡说象山大白鹅，有绝对的话语权。

象山大白鹅，又名浙东大白鹅，是全国有名的优秀鹅种，主要分布于浙江，被农业农村部列入国家级畜禽遗传资源保护名录。其中的一个“大”字，除了体态，还暗示着这一家禽是拥有绝对战斗力的物种，不好招惹。超强的领地意识，加上天不怕地不怕的“好战”性格，让象山大白鹅散发着一种威慑力，不过这些都是外话。

鹅自古就是象山极具标识度的土特产之一。在秦代就有饲养白鹅的记载，后来人们愈养愈盛。明嘉靖《象山县志》载：“明正德嘉靖间岁办杂色毛软皮五百一十张，鹅翎四千六百三十根，药材香附子七十斤。”象山大白鹅的羽毛在明代还被列为贡品。

在象山，鹅还承载着当地的传统民情风俗。每逢端午节，新女婿上门总是很忐忑，礼物要备足，样貌姣好的大白鹅少不了。因为鹅一生只有一个配偶，是忠诚的象征，这是来向丈母娘表忠心的，马虎不得。

白鹅促成了姻缘，又在其间延续——鹅头是象山小孩的开荤之物，拥有希望孩子摔跤不要碰头，祝愿孩子头大聪明，有朝一日出人头地的寓意。还有一种说法是大白鹅只吃草，用鹅头给孩子开荤能够让孩子长大后不挑食，健康成长。

一年有四个时节的鹅肉最好吃，分别是冬至鹅、清明鹅、菜花鹅、夏至鹅。

这其中，清明鹅应是食客们最熟悉，也最不能错过的一种。开春正是青草抽芽、长叶的时节，好草养好鹅，清明前后的鹅长得特别肥嫩。象山大白鹅平日里都是自由放养的，因此肉质格外鲜美；此外放养的鹅较圈养的鹅肉色偏黄，自带一股鹅特有的清甜味道。

“嫩鹅吃鲜，老鹅吃香”，市场上卖的清明鹅都是养了 70 天左右的肉鹅。这时候最好的烹调方式，就是白斩，直接煮不加任何调味料，晾凉切开，蘸蘸酱油吃，鹅皮滑溜，鹅肉有着普通鸡鸭无法比拟的鲜甜。这时候，清明鹅就成了象山，乃至宁波各地市场熟食摊里的主打产品，不尝上一口，似都对不起这时令赋予的好滋味。

滟滟村醪君勿辞 橙椒香美白鹅肥
醉中忘却身今老 戏逐萤光蹋雨归
——【宋】陆游

红烧老鹅（杭州湾十碗）

原料：

鹅肉、菜籽油、姜片、葱、料酒、啤酒、酱油、老抽。

制法：

1. 将整只老鹅切成块状，准备姜片和葱根备用，锅烧热准备菜籽油和姜片爆香；

2. 爆香葱、姜片、葱后，放入老鹅翻炒 5 分钟左右，加入料酒翻炒均匀，再加入啤酒，适量酱油以及适量老抽；

3. 烧开后加锅盖用小火炖 1 小时左右，调味后收汁装砂锅加热即可食用。

特色：

鲜香可口，有弹性，老少皆宜。

肉禽之食

麻鸭

má yā

古人嗜鸭，由来已久。以“无鸭不成席”的“鸭都”南京为例，早在春秋战国时期，已有“筑地养鸭”。而水乡宁波，吃鸭更有自己的一套路数。熟食首推麻油鸭，比一般的烧鸭着色更深、口味更重，符合本地一贯的咸香偏好。除了浇上的麻油，冰糖的量下得也足，收汁时间久。因而做出来的鸭肉撕咬下来丝丝分明，颇有韧劲；入口又咸又甜，还带着点锦上添花的辣味，令人意犹未尽。夏天懒得做饭的时候，就去菜场门口切半只麻油鸭，带回家便是极开胃的下饭菜。兴致来了开瓶冰啤酒，可以磨磨蹭蹭咬

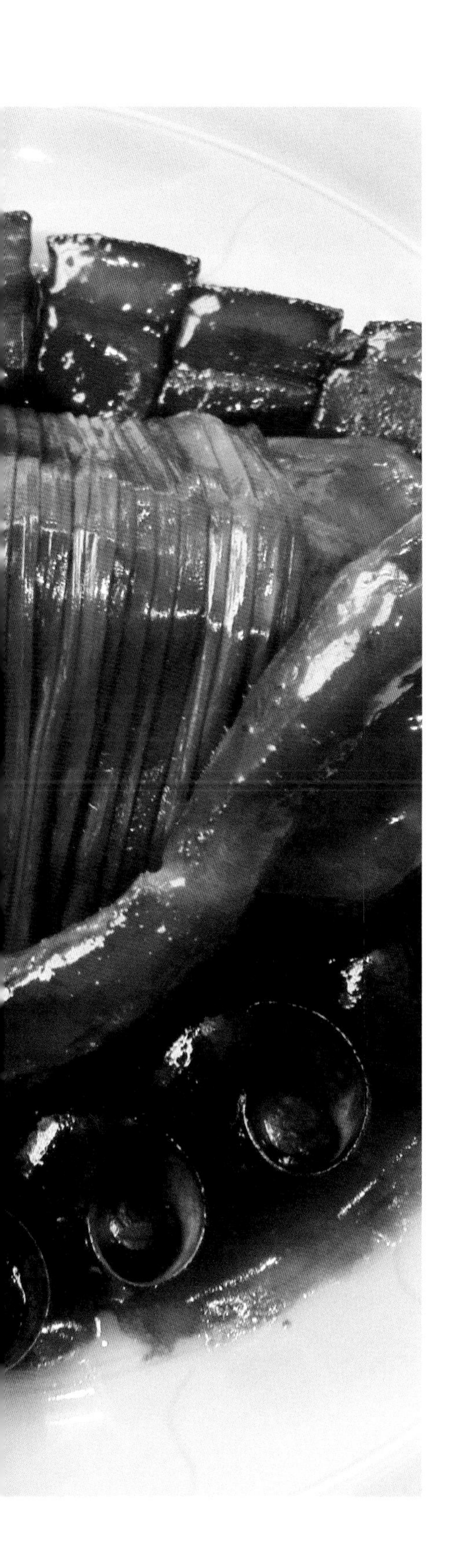

上好久的骨头。也有依然坚守厨房阵地的宁波人，悉心拿芋艿或笋干炖了整只鸭的鸭煲。和鸡汤喝汤不吃肉的传统不同，有道是“鸡肉汤，鸭肉味”，炖得软烂、饱浸汤汁的鸭肉吃起来一点不柴不干，回味清爽，一家人不知不觉就扯了大半。盛夏的燥烈与干热，便通通消解在鸭子的无穷回味中了。

儿童养鹅鸭 蔬果足山家

赤午农耘稻 清宵妇缉麻

——［明］吕时

在有着赛龙舟传统的鄞州，人们在吃上也显得不怕麻烦。名菜“羽人酒香鸭”，技法繁复，滋味也更加卓绝。将土鸭宰杀之后，既要用整鸭出骨的技法将鸭子去除主要骨头，又要保证鸭皮不破。然后在鸭身内放入翻炒过的五花肉、河虾、笋干、糯米等馅料，将鸭身填得满满当当，再用针线将鸭皮缝合，绑成葫芦状。接着准备一个大锅倒入黄酒，将整只鸭子浸润在黄酒汤汁中，大火烧开，小火炖煮，让酒香渗透进鸭肉的每一个细胞内。

制作完成的“羽人酒香鸭”，香味四溢，拨开鸭肚，糯米饭被肉汁浸润，色泽油亮，夹一口被炖得软烂的五花肉，再品一口包裹着河虾和肉的糯米饭，满足感油然而生。这时的鸭肉，轻轻一拨就掉了下来，在黄酒这道独门秘方的加持下，鸭肉变得格外酥软，入口即化，同时

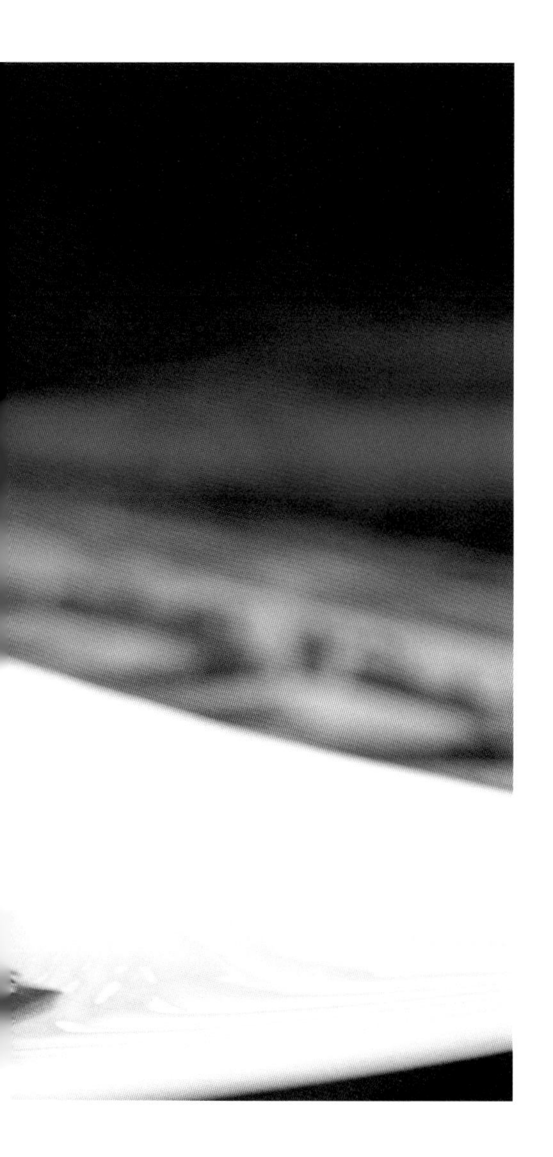

羽人酒香鸭（鄞州十碗）

原料：

土鸭、五花肉、河虾、笋干、糯米、黄酒等。

制法：

1. 将土鸭宰杀之后，用整鸭出骨的技法将鸭子去除主要骨头，又要保证鸭皮不破；

2. 然后在鸭身内放入翻炒过的五花肉、河虾、笋干、糯米等馅料，将鸭身填得满满当当，再用针线将鸭皮缝合，绑成葫芦状；

3. 接着准备一个大锅倒入黄酒，将整只鸭子浸润在黄酒汤汁中，大火烧开，小火炖煮软烂即可出锅。

特色：

汤汁醇浓，油而不腻，色泽诱人，香气四溢。

深甽烤鸭（宁海霞客宴）

原料：

宁海麻鸭。

制法：

1. 将宁海麻鸭斩杀，去干净毛、内脏，清洗干净，处理好的鸭子放入油锅中炸一下紧一下表皮；

2. 将各种香料炒出香味后放入鸭子，焖卤 2 个半小时，收浓卤汁后改刀装盘。

特色：

香气浓郁，肉质鲜嫩。

还带着特有的香甜，极为好吃。而且鸭肉的性质较为甘、寒，有滋补、养胃等功效，是人们进补的优良食品。

在龙舟之乡云龙，每年二月二龙抬头或者端午节之际，锣鼓喧天的龙舟巡游或龙舟赛的场面蔚为壮观。而在这样充满仪式感的日子里，龙舟队员们下水之前必定要来一道“羽人酒香鸭”。因为这道菜不仅是龙舟队员们喜爱的家乡味道，更承载着云龙当地人协力向前、拼搏向上的奋发精神。“吃了‘羽人酒香鸭’，齐心协力向前划”，队员们品尝完美味后精神振奋，大家一起高喊着口号，在水中奋力划动船桨，一鼓作气，如龙游水。

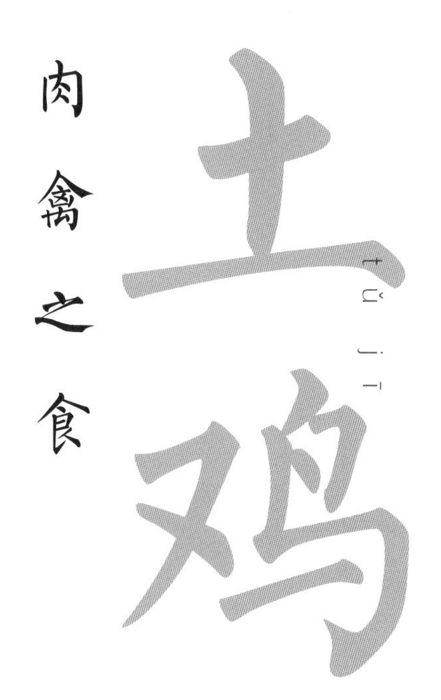

土鸡

tǔ jī

肉禽之食

要说中国历史上最为悠久的饲养家禽，鸡恐怕当仁不让。而吃鸡的历史也伴随着中华大地而源远流长。每个地方对鸡肉的处理都有着独特的见解和烹饪习惯。

宁波，河流密布，阡陌纵横，村落疏密有序，沿河而筑的人家一般都会在村中散养些土鸡。由于周围植物茂盛，土鸡在林间终日嬉戏，自然觅食，享受到足够的运动和日晒，肉质也比寻常的肉鸡更为紧实、嫩滑、鲜美。

古话说“冬令进补，来年打虎”，说明冬天进补对身体的重要性。中国人素来以鸡为补，自清代中晚期以来，生活在九龙湖镇一带的村民，就有吃神仙鸡冬补的传统。

“九龙湖神仙鸡”，这个有着几分仙风道骨的名字源自达蓬山的佛迹洞。据说，有一天八仙相约去东海拜访观音菩萨，铁拐李赶得早，晌午时分觉得肚中饥饿，便降落到达蓬山顶，捉了只野鸡在一露天山洞中烤起来。刚吃一半，没想到吕洞宾腾云驾雾赶到，慌得铁拐李脚一跺，腾空而起，直奔普陀山。坚硬的石壁上竟留下硕大的足印。此时，山下横溪村的一位村民闻香而来，刚好看到这一幕，发现还有铁拐李扔下的半只鸡，便下山揣摩着做了一道红烧鸡，没想到美味至极。后来，一传十，十传百，便有了“神仙鸡”的美名。

要呈现这道菜的美味，选用三斤到三斤半的三黄鸡为佳。将黄花菜、香菇等辅料塞进鸡肚子里，然后放入砂锅，添加两大勺酱油、生姜和料酒，再放冰糖，充分搅拌，最后放入大灶进行烧制。刚出锅的神仙鸡，用勺子舀起汤汁浇在鸡肉上，还会滋滋作响，香味更是飘得老远。吃上一口，那浓郁的肉香，可不就是赛过“神仙”的味觉享受。鸡是宴席大菜，老话说“无鸡不成席”，过去九龙湖村民拿这道“神仙鸡”当宴席排面，祭出这道大菜，就代表着对来客的重视和心意。而如今，这道“九龙湖神仙鸡”已经被列入镇海区非物质文化遗产名录，成了每个镇海人内心深处的文化记忆。

百鸟朝凤（余姚十碗）

原料：

童子鸡一只、肉、火腿、面粉、竹笋。

制法：

1. 将鸡褪毛洗净，去掉内脏；

2. 将肉斩末，加入调料，用面粉做成皮子包成饺子 20 只（或大馄饨）；

3. 将鸡放入砂锅，加水浸没鸡身，炖 1 小时，把鸡翻身再炖半小时，加入调料；

4. 把饺子放在沸水中氽，然后倒入砂锅，加水、火腿蒸，浇上鸡油即可。

特色：

口感丰富，回味无穷。

九龙湖神仙鸡（镇海十碗）

原料：

三黄鸡、黄花菜、香菇、酱油、生姜、料酒、冰糖。

制法：

1. 选用三斤到三斤半的三黄鸡，将黄花菜、香菇等辅料塞进鸡肚子里；

2. 然后放入砂锅，添加两大勺酱油、生姜和料酒，再放冰糖，充分搅拌；

3. 最后放入大灶进行烧制即可。

特色：

肉质鲜嫩，香气馥郁。

霞客土鸡（宁海霞客宴）

原料：

土鸡、生姜。

制法：

1. 选用10个月的当年放山土鸡，清洗干净，高油温炸紧皮一次，其他辅料进行刀工处理后汆水清洗干净，放香料煸炒后混合炒透；

2. 将鸡和辅料放入锅中，添加高汤，调好口味，大火烧开转中小火焖至酥软，转大火收浓卤汁。

特色：

汤汁浓厚，鸡肉筋道。

肉禽之食

岔路黑猪

chà lù hēi zhū

世上之物，只要味道鲜美，大抵难逃人的口腹，肉食爱好者就是其中最凶猛的一群。“宁可居无竹，不可食无肉”的肉食者们一直坚信一句话：“人类千辛万苦爬到食物链的顶端，可不是为了吃素的。”在肉食中，又以猪和中国人的关系最密切。就像“家”这个字，寓意也是“屋中有猪”。从前的乡村，杀年猪是件大事。盛行农耕文化的中国人觉得，宰猪、吃掉一整头猪是再喜气洋洋不过的事情，谈起猪肉来也是津津有味。农人家中的猪养肥了，必是要留一头等着过年时杀的。

多少年来，猪肉在中国人餐桌上的主流肉食地位从未动摇，各地的土猪肉都能卖个好价钱。宁波人吃猪肉，认牢的名优品种是岔路黑猪。据清代县志记载，岔路黑猪有300年以上的饲养历史，产区位于宁海县岔路镇、桑洲镇、前童镇一带。然而，在外来品种的冲击下，以岔路黑猪为主的本地猪种饲养数量急剧减少，品质性能严重退化，到20世纪90年代，这一地方良种猪处于灭绝境地。2009年，岔路黑猪被原浙江省农业厅录入省级畜禽遗传资源保护名录，为宁波市唯一的地方猪种，并被列入《中国畜禽遗传资源志（猪志）》。

传说，在葛洪炼丹期间，有一头黑猪经常离群独闯。这一天黑猪闻香而至，来到葛洪炼丹处附近，看到葛洪有时候朗读经书，

洗净铛 少著水
柴头罨烟焰不起
待他自熟莫催他
火候足时他自美
——【宋】苏轼

有时候静坐练功，有时候开炉炼丹，香飘十里，黑猪不知不觉被迷住了，便做起了葛洪的邻居。有一天黑猪偷吃了葛洪的丹药，后来生了六头黑猪，葛洪发现肉质特好，于是让岔路百姓推广，一代一代，黑猪肉就传承了下来。

岔路黑猪全身黑毛，鬃毛粗而明显竖起，着实像把小刷子。别看它模样不俊，繁殖性能却很强，适应能力也颇强。最重要的是，它的肉质细嫩，肉香十足，口感油而不腻，猪皮富含胶原蛋白，称得上是美容肉。而这些美味营养的背后，是对岔路黑猪精心的饲养，以至于令吃惯了快速出栏、香味寡淡的速成猪肉的人们大呼“这才是从前的猪肉味儿”。

岔路黑猪肉买回去，各家各显神通，或大块蒸煮，或切丝爆炒，或熬油炼渣，或风干晒肠，或包了包子饺子。猪之美味，原本就有最丰富的可能性。就连猪大肠、猪心、猪肺这些杂碎也是极美味的，拿回家去只用清煮、白切，蘸点酱油，味道简直不能更美。

岔路黑猪（宁海霞客宴）

原料：

黑猪五花肉、花雕酒、笋干。

制法：

1. 选用优质黑猪五花肉，剔除黑毛，放锅内煮到八成熟，捞出来表面抹上花雕酒，放九成热的油锅中走油至表皮发泡；

2. 将走好油的五花肉和笋干一起焖烧入味，然后进行刀工处理，扣在扣碗内，添加汤汁，密封上锡纸上蒸笼蒸透扣出即可，配上自制酒酿馒头食用更佳。

特色：

肥而不腻，肉质滑嫩，入口即化。

本地黄牛肉是宁波的特产。早在几百年前，宁波已从外地引进良种黄牛改良当地黄牛。例如据清代光绪册物产县志记载：“明州贡舶船，太平寰宇记，槲辅绅蚊川物产五十咏。”公元1000年时宁波称明州，可见当时宁波已能造船，农民驾船渡海，从今上海川沙、南汇等地引进大型黄牛，改良当地品种。经过长期的选种选配，耕牛个体逐渐增大。历史上，耕牛作为农业活动不可缺少的一环，受到了历代官府的政策保护。但从明朝中期开始，随着耕牛数量的充足，牛肉渐渐在市场上普及开来，成为市场上常见的一种肉类。

宁波本地的黄牛肉紧实鲜嫩，肉质筋道不粘牙，香气浓郁，牛肉味足。要养出好牛，需要有好草。宁波丘陵遍布，溪流无数，境内有良田草场可供黄牛自由生长。宁波黄牛散养于林间草地，远离城市的烟尘，吃的是青草、稻草等干草谷物。独特的地理特征，适宜的气候环境，优越的水质条件，丰富的粮草资源，孕育出了品种优质的可食用黄牛。

黄牛肉属于温热性质的肉食，含有丰富的肌氨酸，适量食用能增长肌肉、增强力量。黄牛肉中富含大量的蛋白质和铁元素，能起到补充营养、预防贫血的作用。宁波人常拿黄牛肉切成薄片下面，或者制作雪菜牛柳、红烧牛肉、炖牛头、蒜蓉牛百叶等家常菜。在不少以黄牛肉为主菜的酒店、饭馆里，热气熏得满屋子都是面食的香气，埋头将面条与薄薄牛肉片裹入口中，醇厚的滋味便在口腔中弥漫开来。

关于黄牛，在宁波还有一则传说。相传古时明州城有位老者家徒四壁，只有一头老黄牛相伴。某年遇上了灾年，田间种不出谷物，一开始老者还能用家中的糠充饥，后来连糠也找不到了，饿得奄奄一息。和他相伴十数年的老黄牛倚在他身边，流着泪，突然说了话："你我相伴多年，我实在不忍见你今日饿死，你可以将我宰了，晒成肉干，度过这灾年。"老者不肯，再三摇头。那头大黄牛慢慢走到海岸边，钻进了开口岩的石缝。等到老者发现它时，黄牛已死。老者含着泪将牛宰了，请了全村的人来吃牛肉，剩下的制成牛肉干。各家都拿出剩余的粮食同舟共济，慢慢度过了灾年。

牛肉干面（奉化十碗）

原料：

牛肉汤 、番薯干面、牛腩、 牛肚、牛舌、小青菜、蒜。

制法：

1. 牛棒骨加牛杂高温蒸煮 3—4 小时，熬制成高汤；
2. 番薯干面用温水泡发；
3. 牛腩、牛肚、牛舌切片待用。烹制过程中，先加高汤，再放入牛腩、牛肚、牛舌（或牛杂，牛肉根据个人口味定），放入番薯干面，大火煮至沸腾；
4. 待干面煮至松软，放入青菜，调味即可上桌。

特色：

骨汤浓郁，肉质软嫩。

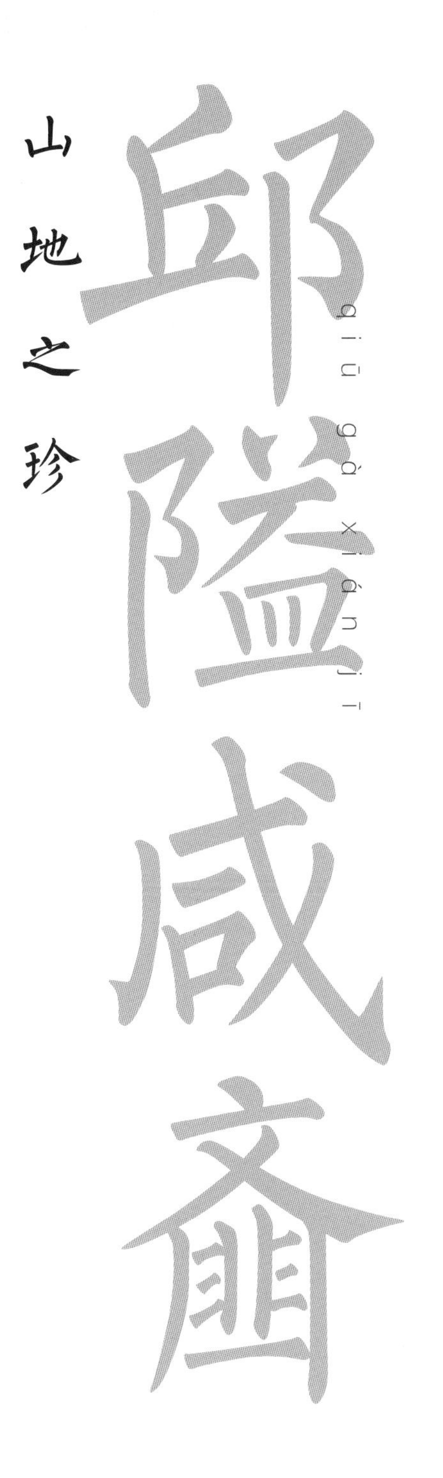

咸齑（雪菜），一种普通到底、草根到底的腌菜，而对于宁波人来说，正是这样一种时间的纪念品，是难以为外人解释的心头“瘾”……“翠绿新齑滴醋红，嗅来香气嚼来松”，其中的味觉属性正关乎“故乡”二字。宁波老话“东乡一株菜，西乡一根草”，这里的“菜”就是雪菜，也叫作雪里蕻。在冬、春两季，选用新鲜的雪里蕻菜，经过加工腌制而成的咸齑，是宁波地区的传统特产。“纵然金菜琅蔬好，不及吾乡雪里蕻”，李邺嗣的《鄮东竹枝词》写出了宁波人对这小菜的骄傲。咸齑的“齑”字难写，拼音里读作“jī”，恰同该字宁波话的发音；若是文气点跟外地人一样把咸齑用普通话叫作“雪菜”，仿佛就顿失了那么一点亲切味道。

宁波腌制咸齑已有几百年的历史，宁波人具体从何时开始吃雪菜，很难考证。文字记载中，最有名的莫过于清代汪灏的《广群芳谱》：“四明有菜，名雪里蕻。雪深，诸菜冻损，此菜独青。雪里蕻之得名盖以此。味稍带辛辣，腌食绝佳。”这侧面解释了“雪里蕻”优雅名称的由来。雪菜一年可种多次，宁波雪菜的著名产地有两个，除了著名的邱隘咸齑，还有鄞州区章水镇樟村的贝母地咸齑。在“浙贝之乡”，当地人笃信，种过贝母的地种的雪菜，大而鲜，腌制的咸齑香味十足。

世界船王包玉刚1984年回到阔别40年的故土，不但爱吃状元楼的宁波臭冬瓜，还特别点了雪菜炒冬笋、雪菜大汤黄鱼。“喝了一碗又添一碗，添了一碗再舀一碗，这样舀了添，添了舀，实在是滋味鲜美，越吃越有味。”慈溪才子洪丕谟在《状元楼里品角菜》一文中，特别表达了对雪菜大汤黄鱼、雪菜虾仁两道菜的欣赏。宁波籍出版家沈昌文，少年时期在宁波做学徒，养成了吃邱隘咸齑和臭冬瓜佐早餐的习惯，对雪菜大汤黄鱼也颇有好感。宁波作家苏青在《谈宁波人的吃》中介绍了雪汁桂花黄鱼。“鱼买回家洗干净后，最好清蒸，除盐酒外，什么料理都用不着。但也有掺盐菜汁蒸之者……味亦鲜美。”

“三日勿吃咸齑汤，脚骨有眼酸汪汪。”老宁波念念不忘的这句老话，翻译成时下的流行语言也就是“这酸爽，让人不敢相信”。宁波人的性格里，有一种务实，连区区咸齑都能咀嚼出日常生活的真味，并引以为豪，真是很可爱。才下舌尖，又上心间，他们品尝和眷念的，不止是咸齑清鲜隽永的家常滋味，还有背后勤俭朴素的生活智慧和生活态度，属于宁波的味道，根植的乡愁。

咸齑黄鱼（海曙十碗、奉化十碗）

原料：

黄鱼、雪菜梗、冬笋、猪油、葱、姜等。

制法：

1. 新鲜黄鱼一条（约 650 克），去鳞、去内脏，正反面批上柳叶花刀；

2. 将雪菜梗切成细粒，冬笋去壳切片。炒锅滑油，放熟猪油，烧热投入姜片略爆，下黄鱼煎至略黄，烹上绍酒，加盖稍焖；

3. 倒入清水 750 克，放上葱结加盖，用小火焖烧 8 分钟左右，待鱼肉变白，汤汁成乳白色，拣去葱结，投入笋片、雪菜梗，旺火烧沸，加盐、味精少许，起锅，将鱼和汤同时倒入碗内，撒上葱段即成。

特色：

鱼肉软嫩，笋丝脆爽，营养丰富，老少皆宜。

山地之珍

奉化芋艿头种植历史悠久，据《奉化县志》记载，芋艿头早在南宋已有栽培，晚清遍及全境，至今已有700余年的种植历史。虽然中国产芋的名区甚多，但奉化芋艿头仍以肉粉无筋、糯滑香软而在名芋江湖上争得一席之地。1996年，奉化萧王庙街道被命名为“中国芋艿头之乡”。

宁波有句老话形容一个人见多识广：“跑过三关六码头，吃过奉化芋艿头。”将吃过奉化芋艿头与跑遍全宁波并列作为此人见多识广的凭证，这也从侧面反映，彼时的奉化芋艿头名气有多大。奉化芋艿头分水、旱两大类。如今名气最大的奉化芋艿头，主要品种是“奉化红芋艿”，这种芋艿主要食用的是它的母芋。因为是母芋，个头也格外大，一般单个重2斤以上，个头大的可以达到5斤左右，跟小西瓜都有一拼了。棕黄外皮上覆着密密的褐色毛须，顶上有无一粒粉红点睛则是它正宗与否的标志。不过，芋艿虽外表粗犷，剥开外衣，内里却是通体雪白粉嫩，细腻得仿佛刚出浴的美人，让人想起“垆边人似月，皓腕凝霜雪”的美句。吃起来也是软酥糯滑，于口舌上平添几分美艳。

芋艿的另一个神奇之处，就是吃法多变，而且怎么吃都好吃。煨、蒸、生烤、热炒、白切、做糊、烧汤……各种吃法，无一不佳。宁波所流行的最简单、最朴实的吃法，莫过于蒸熟之后切片，直接蘸虾酱吃。虾酱极咸，而芋艿味淡，受了这一口虾酱的润泽，立刻化腐朽为神奇。油渣芋艿羹则是本地另一大名角儿，但凡主打宁波菜的饭馆，家家都有这一道。那油光水滑的酱褐色浆羹，入口浓稠喷香，拌白饭就可以让你吃得忘乎所以。还有一味葱油芋艿，寡淡的芋艿头在金黄剔透的葱油里打过滚，加上一勺酱油，再出来，已经是种侠骨铮铮的奇香。最家常，也最绮丽。

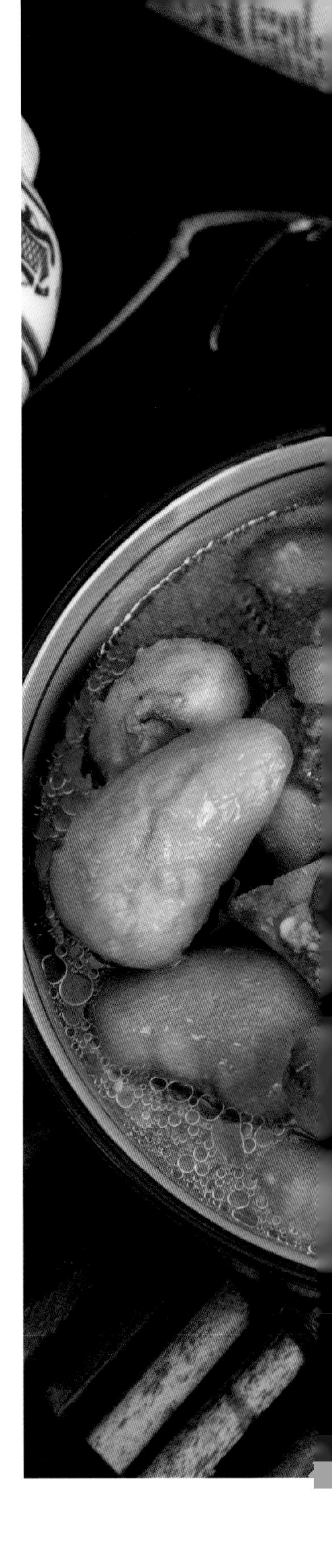

蟹酱芋艿头（奉化十碗）

原料：

芋艿头、象山港蟹酱。

制法：

此道菜品做法简单，最大限度保留食材原汁原味。将新鲜的奉化芋艿头洗净、切片，放入蒸锅蒸至芋艿头松糯绵软，取出后蘸上当年腌制的蟹酱即可食用。

特色：

口感香糯，蟹酱浓醇。

蒋府火干芋艿（北仑十碗）

原料：

带肉鲜腚骨、去皮毛芋艿或奉化芋艿头、大鸡爪、火腿丁、酱油、浓缩鸡汁、冰糖、老酒。

制法：

1. 毛芋艿去皮切直径 3 厘米的块备用（直径 3 厘米的芋艿不用改刀）。如果用奉化芋艿头，则切成直径 2 厘米左右的块；

2. 鸡爪焯水去指对切备用，火腿丁油炸成金黄色备用；

3. 将腚骨沸水煮开后加高汤适量，放入葱结，用高压锅压 20 分钟（或小火炖 45 分钟）后备用；

4. 取用备好的腚骨带原汤加芋艿、鸡爪、火腿丁、猪油、酱油、浓缩鸡汁、冰糖、老酒，入高压锅上汽压 10 分钟（如果用奉化芋艿头，上汽压 5 分钟），放入火缸内按份备用；

5. 上菜时，将火缸用煲仔炉烧开，再加鸡粉、味精，至汤汁浓稠（用炒勺轻推），并用专用锡纸、红丝带封住缸口，在火缸底铺好炒热的盐保温，撒上青蒜末装饰即可。

特色：

芋艿软糯鲜香，酱汁浓稠。

山地之珍

大雷黄泥拱

dà léi huáng ní gǒng

横街镇的大雷笋的名头，老一辈宁波人都知道。大雷人世世代代都种毛竹，四明山方圆八百里，产毛笋的地方很多，但不少人认为，配称“黄泥拱”三字的，却唯有大雷的笋。在宁波，食笋时节，菜贩们以拿到正宗的大雷黄泥拱为豪，叫卖时嗓门也不觉高上几分。大雷笋好，大约是好在这脚下世世代代的黄泥土。大雷村的黄泥地酥松潮润，眼瞧着便是极肥沃的，据老人说，这土层就有好几尺厚。这样深沃的黄土层仿佛有着不为人知的奥秘，生养出来的大雷笋便也出落得一身金黄。这样的“黄”，可不仅仅是笋壳见黄，外行人看着混沌，懂行的，一眼就能分辨出来。

正宗的黄泥拱，不但整株披一层黄泥渍，连笋壳、笋尖和笋须都呈现着不

同色泽的亮黄——衣绛黄，尖褐黄，须是明黄，茸茸的，有如小鸡雏般的憨稚可爱。剥去笋衣，清香扑鼻，白嫩嫩的身躯，指甲轻轻一刮都要留下伤痕。只要够新鲜，吃起来口感松脆，带着微妙的甜口和清香气。这样的品相和滋味历来是大雷人引以为豪的，出了大雷，便是再往里几个村子，笋的味道也不一样了。

黄泥拱指的是春天的毛笋，春笋已是不多，而产量更为稀少的冬笋就更加难得了，通常只是大雷人餐桌的专享，或者作为带给亲戚的伴手礼。关于冬笋和春笋，大雷人各有所爱。按常理说，竹笋冒土而生，见风则硬，完全埋在土里没有长出土的冬笋质地细密，口感应该比起那些长出地面见过天日的春笋要清甜好吃。然而五感中相对自我与感性的味觉，本来就是充满了个人主义色彩的。有人爱冬笋的肥厚而醇，有人爱春笋的瘦薄而鲜。

在大雷，吃笋只有一个守则，那就是新鲜，现挖现吃是对一棵笋最大的尊重。至于吃法，那真是五花八门，随喜随好了。单放酱油红烧好吃，炒鸡蛋好吃，放咸齑汤好吃，打点淀粉“做浆”也好吃。正如周作人所说：“这是山人田夫所能享受之美味，不是口厌刍豢的人所能了解的。”

油焖笋（海曙十碗）

原料：

大雷黄泥拱，红糖、料酒、酱油等调料。

制法：

1. 将笋剥壳斩去老根，用刀背拍裂，切成段，准备好；

2. 锅加入底油，放入黄泥拱煸炒，加酱油、料酒、红糖，烧开后转小火焖烧至成色，加味精收汁，淋明油即可出锅。

特色：

色泽红亮，口感脆爽，鲜甜可口。

笋干鲞烤肉（鄞州十碗）

原料：

水发笋干、五花肉、水发鲞干、料酒、酱油、白糖。

制法：

1. 笋干冷水发，改刀成笋干块（提前用高压锅煮一下，让笋干软嫩）；

2. 五花肉改刀块状备用，鲞改块备用；

3. 热锅入油放入五花肉煸炒，然后先放笋干再放鲞进行翻炒，放少许料酒、酱油、白糖，加水，用中火炖煮，煮至汤汁浓稠时大火收汁即关火，最后起锅装盘。

特色：

咸鲜甘美，油而不腻。

竹笋才生黄犊角　蕨芽初长小儿拳
试寻野菜炊春饭　便是江南二月天

——【宋】黄庭坚

在漫长的农耕文明里，笋是江南人顺理成章的日常。连绵千里的四明山，最常见到的就是碧浪翻涌的竹海；山里人家的餐桌，春令时分最常见到的就是一盘鲜笋。这大概是竹子这种植物在自然属性和给人带来的美的愉悦之外，与人发生的日常相关的“物用”，以及这种“物用”之后的美好的情感作用。

奉化山区多低山缓坡，沙性土壤、长久的日照和丰沛的雨水，尤其适合雷竹舒展生长。竹林与古村唇齿相依，伴随着世世代代的古朴生活。在现代交通工具发明以前，与食材产地地理上的近便，对一个地区味觉的形成，几乎有决定性意义——这大概就是所谓一地一风物了。宁波大范围最常见的笋是毛笋，而奉化这片区域，最流行的春笋则是雷笋。奉化山中的古村多是四面环山，像一个小小的盆地，自古就以竹林闻名。山泉水从无人的高山上蜿蜒而下，穿村而过，溅出一路的珍珠碎玉，所以这里的温度比市区还低上五六度，终年不虞酷暑。得益于水土与气候的共同成全，每年的春天，一声惊雷后都有清甜鲜美的雷笋可供清享，这大概就是自然赠予生活在这里的人们最美的时令礼物吧。

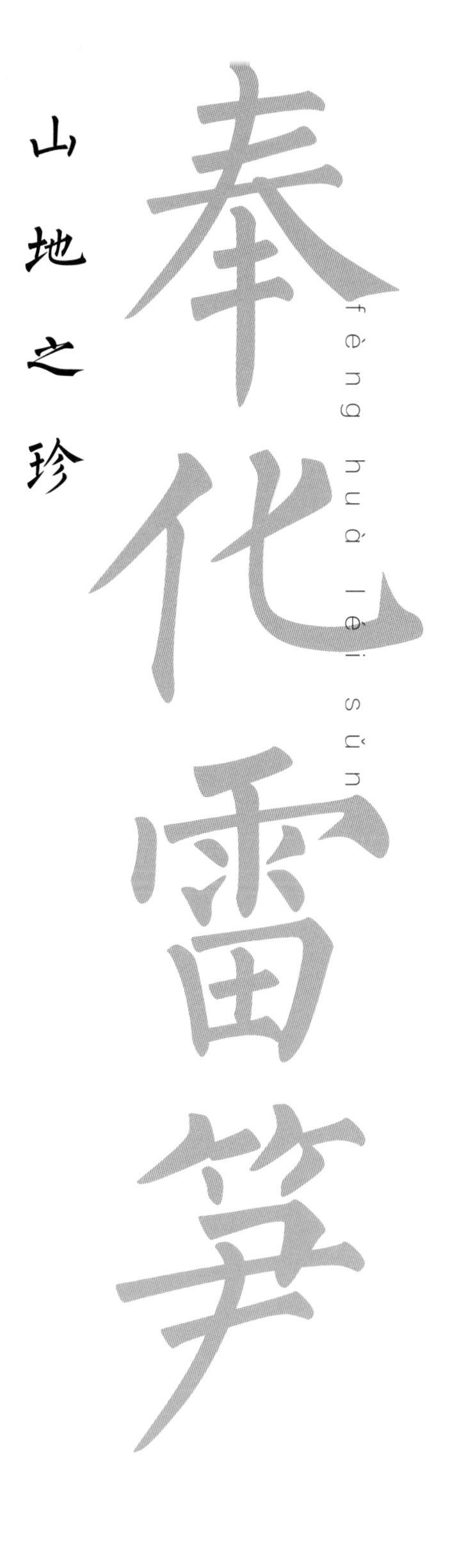

早上六点开始，村中的鲜笋陆续采收回来。2 斤的雷笋，剥掉笋壳、切去头尾，还能剩下 1 斤的嫩笋肉。剥笋、洗笋、切笋、焖笋、装罐、真空，这是当地最常见的一道人工㸆笋流水线。而完成这些工作的，大多是村里六七十岁的老人，个个手脚麻利，体力和技巧犹胜年轻人。

祖辈传下来的道理，大灶煮出的饭菜是有烟火气的，香，所以奉化的油焖笋都是用大灶和铁锅焖出来的。一锅大概放 150 斤笋，锅里放水同烧。刚开始火要旺，晒干的松木在灶膛里烧得哔哔啵啵，红光一片。待到锅里的雷笋烧软、烧熟后，加上酱油和调和油，小火焖 4 小时。一直焖到笋肉变成浅褐色，而笋油变成透明的琥珀色，再看不出酱油的影子，才算大功告成。出锅前放上三小碗糖，可以使油焖笋口感更细腻顺滑。一锅笋需要㸆足 8 个小时才能充分入味，偷不得半点懒。做足了功夫，油焖笋才能色泽红亮、油而不腻、清香脆嫩。好的油焖笋，鲜咸而带微甜的味道会让人百吃不厌，所以才能成为经久不衰的宁波下饭菜。

傍林鲜（余姚十碗）

原料：

四明山优质雷笋、河姆渡糯米、姚江河虾仁、火腿、干香菇。

制法：

1. 把雷笋去根，带壳切成 18 厘米长的段，中间用勺挖出深 6 厘米的洞；
2. 把糯米用水浸过，虾仁、火腿、香菇切末，加调料一起拌均匀，成为馅料；
3. 把馅料填满雷笋挖好的洞，洞口用青竹叶包牢；
4. 把笋放蒸笼蒸大约 20 分钟至笋熟，造型装盘。

特色：

口感丰富，层次分明，鲜甜可口。

胡陈土豆

hú chén tǔ dòu

山地之珍

土豆在胡陈叫“洋芋”。一个“洋”字，还透露出这个扎根异乡几百年、已经本地化的农作物，其实和“洋火”“洋胰子”一样，是大洋彼岸的移民。而在宁波，它却与胡陈结出情缘深重的今生。整个胡陈乡里，洋芋无处不在，那是造物主赐给乡民的美味。

冬天正式拉开帷幕，万物渐渐失去生机。从宁海祖祖辈辈流传下来的农耕经验里，采收秋洋芋的最佳时节正是这小雪前后的初冬。

宁海胡陈青山葱郁，碧水淙淙。说起来，胡陈乡的洋芋应当有上百年历史了。当地俗称“老黄种”“小种”，这个品种是胡陈乡世代传承种植的原生品种。每年，农户都会留出一些老洋芋作为来年的种子保存，让它们在年年的春风里一次一次焕发新的生机，这个种植模式至今被胡陈乡人共同遵守着。

胡陈乡拥有最适合洋芋生长的水土：这里的土壤大多是独特的红泥砂壤土，透气又保湿；而胡陈乡的母亲河、宁海五大溪之一的中堡溪穿村而过，溪水清冽甘甜，为这片土地带来了润养，农人多以此溪水灌溉农田。这样的水土滋养出来的胡陈洋芋，皮薄肉嫩，香气足，淀粉含量高，吃起来又粉又糯，就连表皮都比别处黄一些。

洋芋采收后，家家户户每顿饭都会飘出洋芋的香味。红烧洋芋、炒洋芋丝、咸菜洋芋、青蟹洋芋羹、烤洋芋、洋芋饭……洋芋能做的花样多不胜数，既是主食也是菜，大人小孩都喜欢吃，宁波人比谁都了解烧洋芋的奥秘。它是一种完全百搭的食材，不论怎么处理都不会出错，还特别擅长吸取其他食材的味道，和肉类和海鲜都是完美拍档。

一品土豆（宁海霞客宴）

原料：

土豆。

制法：

1. 将优质胡陈土豆洗干净放蒸笼里蒸熟，冷水过凉后剥去外皮。将土豆用刀背压成圆饼，放至六七成热的油锅中，炸成金黄色；

2. 锅烧热放猪油爆香小葱和洋葱，放土豆饼翻炒，烹料酒、鲜酱油、高汤少许，略烧收浓汤汁，淋明油，撒葱花装盘即可。

特色：

口感香醇浓郁，令人回味。

土豆小牛肉（杭州湾十碗）

原料：

土豆、牛肉。

制法：

1. 土豆切块后，冲水，裹粉后油炸；

2. 牛肉切丁，上酱后下油爆炒，后加入炸制过的土豆，同黑椒汁翻炒起锅。

特色：

浓而不腻，滋味香醇。

盐烤花旗洋芋艿（海曙十碗）

原料：

花旗洋芋艿、盐。

制法：

将锅烧热加入清水、盐，烧开后放入洗净的土豆，烧至土豆表皮起皱，起锅装盆即可。

特色：

口感韧性十足，咸香四溢。

山芋毛羹　地黄酿粥　冬后春前皆可栽

——【宋】王质

马兰是菊科马兰属多年生草本植物，碧叶紫茎，幼叶通常作蔬菜食用，俗称“马兰头”，又有红梗菜、鸡儿肠、田边菊、紫菊、螃蜞头草的别称。马兰主要生长于林缘、草丛、溪岸、路旁，分布地域十分广泛。明代笔记中有一首《马兰歌》，对马兰头生长的环境描写入微：“马兰不择地，丛生遍原麓。碧叶绿紫茎，三月春雨足。呼儿争采撷，盈筐更盈掬。微汤涌蟹眼，辛去甘自复。吴盐点轻膏，异器共衅熟。物俭人不争，因得骋所欲。不闻胶西守，饱餐赋杞菊。洵美草不滋，可以废粱肉。”

宋代诗人高翥曾在《送刘允叔主簿归山中》提及“……故山归去恰春回。马兰旋摘和菘煮……”。其中“马兰”指的就是三四月间可食的菊科马兰头。陆游也曾写诗描述当时的儿童采摘马兰头作为晨炊的景象：“离离幽草自成丛，过眼儿童采撷空。不知马兰入晨俎，何似燕麦摇春风。”清人王士雄的《随息居饮食谱》中称马兰“蔬中佳品，诸病可餐”。明人赵楷著的《百草镜》中也说：“马兰气香，可作蔬。”可见以马兰头入菜，由来已久。

马兰含有丰富的蛋白质、脂肪、维生素C、有机酸，有清热止血、抗菌消炎的作用，在宁波地区作为一种野菜为人所熟识。清明前后，马兰头最为肥嫩时，宁波人会把它做成一道美味的凉拌菜。刚摘来的马兰头不能生食，必须洗净焯水，去除生涩。其中最常见的做法便是

马兰头拌香干。将马兰头的老梗和老叶剔除洗净，切成碎末，与香干碎丁同拌，豆类的馥郁与野菜的清香冶于一锅，这是一道春天的高级野味。

关于马兰头，在宁波有一则流传已久的传说。古时候宁波有一位深受爱戴的清官，任满要离开明州城，老百姓们十分舍不得这位好官，在那位官员离去的路上拦住了他的马车，献上了刚摘的野菜。这味野菜就被取名为“马拦头”，渐渐地，“马拦头”简化成了“马兰头”，成了宁波人春日里的一道美食。而那些并未来得及被采摘下的马兰头，可长至七八十厘米，开出淡紫色的小菊花，如田野中的精灵铺陈出了春日底色。可食用，可观赏，这也是马兰头如此受宁波人喜爱的原因吧。

浮利浮名挽不来
故山归去恰春回
马兰旋摘和菘煮
枸杞新生傍菊栽

——【宋】高翥

马兰头拌香干

原料：

马兰头、香干、食盐、白糖、麻油。

制法：

1. 马兰头的老梗和老叶剔除洗净；

2. 锅加适量水，置火上烧开，马兰头放入沸水中烫 3 分钟，捞出；

3. 将马兰头放凉水中清洗，反复挤去马兰头中的汁水，反复清洗；

4. 最后挤干水，将马兰头剁成碎；

5. 将马兰头装盘，加入精盐、白糖、香干、麻油，拌匀。

特色：

清淡嫩鲜，芳香四溢。

荠菜是十字花科荠属草本植物，又有菱角菜、地米菜、芥等别称，是一种耐寒蔬菜，萌生于寒冬，茂盛于早春，常生长于山坡、田边和路旁，全国各地都有分布。早在魏晋南北朝时期，人们就已认识到了荠菜的食用价值，夏侯湛的《荠赋》正是为这青翠碧绿的野菜而吟：“钻重冰而挺茂，蒙严霜以发鲜。舍盛阳而弗萌，在太阴而斯育。永安性于猛寒，羌无宁乎煖燠。齐精气于牧冬，均贞固乎松竹。”说荠菜凌寒而生，其品格不下松竹。白居易、苏轼、杜甫、陆游、辛弃疾都曾为荠菜作诗填词，荠菜的魅力不可小觑。

春寒褪去后，铺天盖地的绿意哗哗作响，酸甜可口的浆果俯拾皆是。村庄与村庄之间被大片的绿色所填充，草木葱茏，农田广布，至冬也不褪色。野地上、庭院里，会冒出荠菜舒展开的青绿茎叶，悠悠地在风中招摇。还未开花的荠菜最是鲜嫩水灵，若是开出了细碎的白色小花，那便是过老不宜食了。陆游就为此感叹说：“食案何萧然，春荠花若雪；从今日老硬，何以供采撷？”顾禄的《清嘉录》曾记载：“荠菜花俗呼野菜花，因谚有三月三蚂蚁上灶山之语，三日人家皆以野菜花置灶陉上，以厌虫蚁。侵晨村童叫卖不绝。或妇女簪髻上以祈清目，俗号眼亮花。”然而这种风俗已不多见，荠菜多半是被拣择来与年糕相配成菜的。

荠菜有利尿、和脾、利水、止血、明目的功效，所含的荠菜酸，是有效的止血成分，能缩短出血及凝血时间。但

荠菜炒年糕

原料：

荠菜、年糕、食盐。

制法：

1. 把荠菜去掉老叶与根部，清洗干净后切成碎末备用；

2. 年糕切片备用；

3. 锅内加水烧开，放入年糕焯水，焯水时间不要过长，然后捞出；

4. 锅里倒入食用油，放入荠菜碎末，继续煸炒一下；

5. 放入年糕同炒；

6. 加入适量的盐调味，出锅装盆即可食用。

特色：鲜香软糯，清香可口。

最重要的是，冬春之际的荠菜清香可口，是老少皆喜的山野菜蔬。可以说，摘荠菜是冬春里宁波人最爱的一项活动，提个篮子，带上剪刀，猫着腰在田埂上细细寻觅，因荠菜与野地里其他的野草有几分相像，只怕一错眼将荠菜漏了过去。日头稍微高一些的时候，就能采到满满一篮子，刚采下的荠菜根茎犹裹有土粒，混合着水汽的味道，断茎处散发着淡淡的清香。如今的人已很少下地了，因工作繁忙，每每不得空。等到想起来了，往往春日只剩下了个尾巴，只有那绿莹莹、鲜嫩嫩的荠菜依旧在记忆里随着春风疯长。

在宁波民间有一则传说，三月三是荠菜花的生日。那一天，将荠菜花和鸡蛋同煮而食，可以驱邪明目，求得吉祥。据说，这一方子最早还是名医华佗所创。而在宁波民间，荠菜最经典的做法，就是与年糕同炒。色若碧玉的荠菜和白如羊脂的年糕同炒，年糕和荠菜自身的香味夹杂在腾腾热气中，熏得人满面春风。荠菜炒年糕入口软糯清甜，时不时撩拨着宁波人的旧日情肠。

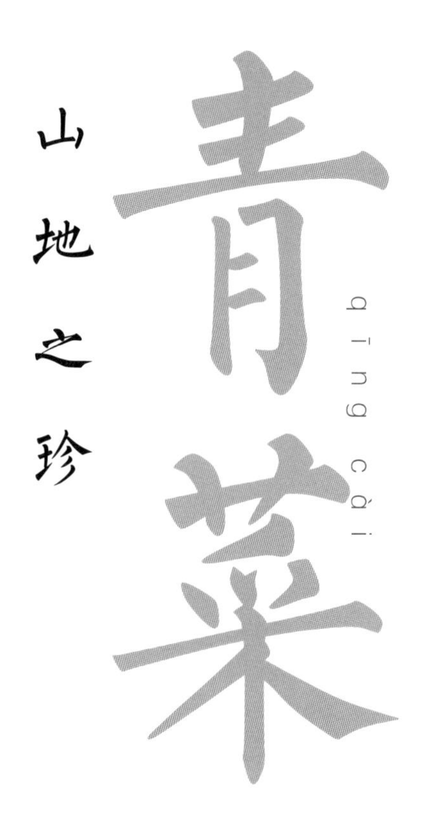

青菜青丝白玉盘
西湖回首忆临安
竹篱茅舍逢春日
乐得梅花带雪看

——【宋】李石

在宁波，说到青菜，默认就是指上海青。而其余绿叶菜，则都有各自的名号。宁波人对上海青，是有特殊感情的：油亮亮、香喷喷的菜饭，一定要用上海青和猪油；本地小馆的外卖例饭，一定要配几根绿油油的上海青；宁波人喜欢的鸡毛菜，其实也是上海青的嫩苗……

1979—1983年间，上海农科院园艺所的团队，培育出了非常优质的“矮抗青”，并推广到江浙一带，这才有了“上海青”的称呼。抛开出身和实惠的价格，宁波人喜欢青菜的重要理由，是它甜糯糯的口感。

虽然黄心乌、塔菜、娃娃菜等一众

江南冬日热门蔬菜都算是糯的，但是青菜的根茎最是肥厚，用油炒透后，出落得香软甜糯。除了拿来用大油急火爆炒这个常规选项，这样口感软糯的青菜，也经得起宁波人用油、糖和酱油发起的甜蜜攻势。比如冬天宁波人最爱的“烤菜”，用冰糖和酱油慢慢煨㸆粗壮的青菜心，至浓油赤酱软糯香甜。因为冬天青菜生长缓慢，直至降霜，青菜被晚间的霜打过，变得温顺沉静。菜里的糖分沉淀，茎糯叶嫩，口感极佳，这个季节的青菜用来做宁波烤菜，就是最好的。

烤菜的“烤”，也称作“㸆”或“焅”，是宁波菜肴最传统的烹饪技法之一。区别于一般意义上的将食物置于明火之上烤制，这里的“烤”是指持续用文火收干食馔中的汤汁，不勾芡，让汤汁全部渗入食材，收汁㸆干后才起锅装盘。而小火慢慢收干、浓厚入味的过程，是一种十分讲究火候的做法。真正的㸆菜高手，不仅需要对火候的掌控，更需要对食材时机的把握。制作烤菜，要先用大火煸炒至菜皮泛黄，再加入糖、盐、醋、老抽小火慢焖，直到软糯。最后翻炒收汁，出锅装盘。

青菜性温味辛，又富清香，含有较多的蛋白质、糖、矿物质和粗纤维，营养丰富，可以清火明目，味道也非常好。㸆了两三小时的青菜软糯入味，滋味更是绝好，冷食最佳，就粥下饭都很爽口。冰箱冷藏可以保存 1 周以上。

传统㸆青菜在民间流传久远，几乎是家家户户共有的回忆。在还用煤饼炉的年代，老宁波人做一回烤菜便是一件费时到浪漫的事。孩子们被大人差遣，拿着空啤酒瓶去附近的国营副食店打“楼茂记”的酱油回来，大人在炉子上烫热了锅镬，然后放入用自家小石磨压榨出来的菜籽油。一户人家在巷子口做烤菜，满条街上都泛溢着酱油与熟透的青菜香气。

直至今日，宁波人做年夜饭，都不厌其烦地买回一袋碧绿肥壮的青菜来和年糕一起做烤菜。样貌不起眼的烤菜，就这样变成了一道仪式感十足的功夫菜。

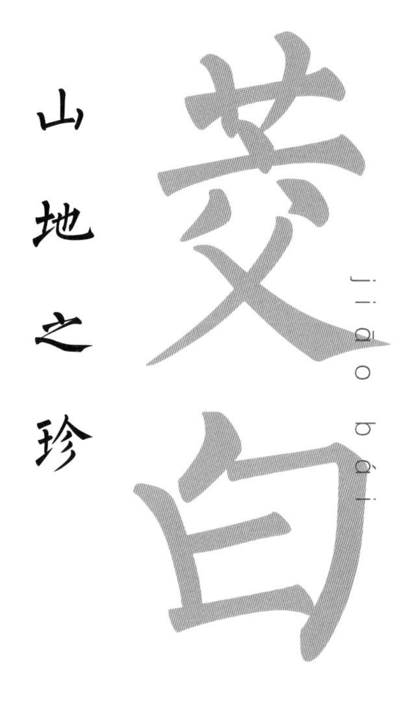

江南秀水三千，浩渺烟波里有天赐的美妙食物，脆生生、水灵灵。苏州有水八仙，杭州有莼鲈思。水网密布的宁波，广阔的水域同样出产可口的水生植物。在山川野泽里的水乡风物中，茭白就是其中的娇客之一。

位于余姚东部的小镇——河姆渡镇，因古老的河姆渡文化名扬天下，也是著名的“中国茭白之乡”。茭白，古时称菰，由于菰茎嫩芽长得又白又胖，地下根茎互相纠缠，所以后来又取“交”和“白”两个字，叫“茭白”，又由于它类似竹笋，又被称为菰笋、茭笋。茭白长得有点像水稻，也是一丛一丛的，却要比水稻更加高大，叶片也更长、更宽。风起时，成片的茭白叶随风起舞，宛若千重波浪。一到夏

腌茭白（镇海十碗）

原料：

茭白、盐、鸡精。

制法：

1. 将茭白洗净去皮煮熟后捞出晾凉；

2. 加入盐、鸡精，搅拌均匀，放入冰箱里冷藏过夜，随吃随取。

特色：

原汁原味，清香爽口。

秋之际，市面上皆有卖茭白的。一般从近根处割下，剥去几张剑鞘似的老叶，剥去外皮，就可入馔了。如今菜场里的茭白多是剥了外壳一层一层码在摊位上的，肉质细白。因生长于水泽汀田，又出落得洁白如玉、鲜嫩水灵，故而有“美人腿”的别称。

双季茭白通常冬春季种植、夏季收获，夏季种植的则在秋季收获，于5—6月、10—12月上市。夏季多食茭白，能够消暑去烦、增进食欲，是以餐桌上常常能见到它的身影。李渔在《闲情偶寄》中说：“论蔬食之美者，曰清，曰洁，曰芳馥，曰松脆而已矣。”这用来形容茭白也恰如其分。茭白含水量不高，气孔密集，清炒可保留本身味道，红烧可吸收酱料味道。这是一种可塑性极强的食材，本身口味清淡鲜嫩、柔滑甘甜，适合与各种原料搭配加工。

怎么做都好吃的茭白，做凉菜食用则清新淡雅，加高汤煨制则清爽利口，旺火烹炒就更是脆嫩鲜美了。最具代表性的吃法是切片清炒，单炒、炒肉片，味道都佳；用开水烫一下甚至生吃也可；茭白烧毛豆也是本地最常见的吃法之一，无论饭店、排档皆钟情此法；还可用油焖，这是宁波人都喜欢的做法，口感脆中带滑且有柔性，味微甘而有清香，江南水性尽出。毕竟对于江南人家而言，用浓油赤酱碰撞嫩白甜脆的茭白才是好滋味。

茭白还有一样“浴火重生”的吃法，就是用来腌臭茭白。宁波人吃臭嗜臭的饮食传统源远流长。以前世道穷苦，勤劳的宁波人将蔬菜放入甏内，制成臭菜，以便让一家人四季都有下饭的菜，这臭茭白便是极受欢迎的一种。腌制后臭得销魂，酸爽劲儿却引得人直咽口水，鲜脆劲更胜鲜茭白。

宁波人白露有吃“十样白”的说法，即吃白色的食材，如茭白、鸡肉、莲藕、百合、白露茶、酒酿（浆板）和白糯米酒等。镇海人便喜欢用茭白来做一道凉菜——腌茭白。本地产的茭白，幼嫩、毫无纤维感，看似山野村气，实则内秀朴实，那种松脆的口感无法用语言记述。这是一道很爽口的小菜，极简的食材和烹饪手法却保留了最美妙的滋味。

对资深“吃货”来说，“前童三宝”的名气或许比前童古镇还要响。俗话说，“没有三宝，不成前童”。这三宝便是老豆腐、空心豆腐和香干。前童三宝并不是什么奇珍异馐、龙肝凤脑，是普普通通的黄豆由劳动人民怀着自己对食物的理解在不断尝试中转化而来的杰作。豆腐、空心豆腐和香干，同源于黄豆却各有各的美味：老豆腐，白、嫩、滑、鲜、香；空心豆腐，泽金黄、中空外，结脆而不碎；香干则是口感细腻香滑、清口香润、结实耐嚼。

豆制品本是寻常食材，前童三宝却备受赞誉。一是原料好，当地位于白溪与梁皇溪交汇处，四周群山，土壤、水分、光照、气温等条件下出产的六月豆用于制作豆制品非常适宜。二是手艺好，前童三宝按照传承了百年的传统民间工艺手工制作，祖传的做豆腐手艺，从磨豆到点盐卤一点不能马虎，豆腐用石磨手工磨制而出，保持传统的原味。另外水也是很讲究的，前童的水来自白溪、梁皇溪，又经地下过滤，特别清澈鲜甜。

前童老豆腐有三大特点：一是清鲜洁白如玉，二是口感细腻绵滑；三是托于手中晃动而不散塌，掷于汤中久煮而不沉碎。其味在清淡中藏着鲜美，可荤可素，历史上曾被作为贡品。要想吃原汁原味的，就将调好的汁浇在刚做好的豆腐上，撒上香葱末两三粒，满嘴的豆腐香足以让你回味几天。前童三宝之一的空心豆腐，脆而不碎，在生熟豆浆之间打上盐卤，豆腐成型后，切成长条形的块，再放入油锅中煎炸，外表金黄、中间呈蜂窝状的中空，蘸磨碎的椒盐，一口酥脆紧接着变成豆腐的香嫩。还有前童香干，制作过程中会添加食盐、茴香、花椒、大料、干姜等调料，入口既香又鲜，嚼劲十足，让人久吃不厌。

金玉飞瀑（宁海霞客宴）

原料：

油豆腐、香干、笋、鸡蛋、肉丝、菜。

制法：

1. 准备菜丝、油豆腐丝、香干丝、笋丝、蛋丝、肉丝；
2. 将切好的细丝炒熟即可。

特色：

口感清新，营养丰富。

宁波三臭

níng bō sān chòu

剪剪黄花秋后春
霜皮露叶护长身
生来笼统君休笑
腹裹能容数百人

——【宋】郑清之

庄市臭冬瓜（镇海十碗）

原料：

冬瓜。

制法：

1. 先选取成熟冬瓜，除去皮瓢或不去皮，切成长 10 厘米左右的块状；

2. 之后入锅焯至八成熟，沥水冷却后，四周均匀地抹上盐，分层装入甏内，放至阴凉处，直至冬瓜发酸、变黄。

3. 取出，浇上麻油即可食用。

特色：

臭中带香，酸中透甜。

蒸三臭（慈溪十碗）

原料：

臭苋菜管、臭白香干、臭青菜、菜油。

制法：

1. 取一深盘依次放上臭香干、臭苋菜管、臭青菜；

2. 摆好后淋上菜油，撒少许味精，上笼蒸 12 分钟即可。

原料：

口味咸鲜适中，臭，松，香，糯。

臭的味道奇谲，属于性情，有人大喜，有人大恶，即便是宁波人也有对这股味道不敢亲近的。喜欢的人也并非逐臭，而是能够发掘出臭里更加深层的鲜味和异香。在口味更加单纯朴素的过去，这样的平民味道构成了大部分宁波人的共同回忆。

臭在宁波没有地域之分，究其发源实在已经无法细考，旧时鄞州地广，材料也是普通的时蔬，几乎家家都会做，甚至蔓延至周边宁海、象山都热衷制臭食臭。冬瓜、苋菜梗、芋艿梗甚至茭白都可以制臭且做法相似。时至今日，其他臭类慢慢淡出了我们的餐桌，唯有臭冬瓜依旧是老宁波人啖臭的佐证。

从前的农村，门前都会有个小园子，人们种点日常吃的蔬菜，小青菜、番茄之类，冬瓜可以一直顺着泥路长出好几米。七八月，本地的白肤冬瓜长得硕大，十五六斤至三十斤的都是寻常个头。老底子的农民较真地认为，做臭冬瓜只能用这种白肤冬瓜，个头大，肉质更加松软。现在市场上大部分都是青皮的广东冬瓜，一来太早成熟，二来硬邦邦口感差。关于食物的一期一会蕴含了自然的哲理，旧时的人们并不懂得其间的奥妙却严格遵从自然规律，于是，我们能吃到的最精致的食物，其实再简单不过。

小时候，经常有农民推着三轮车卖自家地里的白肤冬瓜，三五个长得卖相“忒般”（宁波话“不好”），母亲就会挑个适中的用来做腌制。我们的年代对于臭味已经慢慢开始回避，母亲也懂得适时地迎合家人的口味，将臭冬瓜制作得更趋近于酸冬瓜，只是这种老的手艺，于母亲是永远不会忘却的。腌制臭冬瓜的关键得先做好一甏臭卤。甏是宁波农村最常见的棕色陶制品，口小腹大，是用于腌制的最佳器皿。将用老豆腐发酵而成的臭卤放入甏内，冬瓜切成 10 厘米左右见方的块状焯至八成熟，沥水冷却，盘一层冬瓜撒一层盐，像垒瓦片墙一样分层装入甏内，再倒些煮熟的毛豆水加速其发酵，用箬壳或塑料袋封口，放阴处。天气热时，不出一周“臭兮兮”“香靡靡”的味道就能飘满屋子了。母亲回忆的时候，好像回到了她儿时的院子里，外婆打开了甏口，取出一块白如羊脂的冬瓜，滴上几滴麻油，那个夏日便神气起来了。

山地之珍

宁波四碗面

níng bō sì wǎn miàn

小麦从北方远道而来，在这里落地生根。人们在日复一日的摸索中，寻找到属于自己的面食之味。宁波的面条不同于北方的粗犷和张扬，拥有天生的柔美。7000年前的河姆渡开启了这片土地的水稻文明，富饶的水乡又孕育了更多的可能性。面条的可能性，是柔软的口感，是华丽的浇头，是醇厚的汤汁，它结合了宁波本地的风土人情，开出了属于这里的花朵。

比如，象山的海鲜面，是一种独特的组合式面，它并不完全取决于厨师的技艺，而在于吃客的偏好。“自由搭配”式的开场，点上一份几十元的海鲜面，里面可以自由地选取若干种海鲜，一般店里标配白蟹、虾蛄、圆蛤、江白虾、无骨鱼、小白鲳鱼、小黄鱼、蛏子、鲍鱼等。所有的海鲜浇头都是用最简单的方式来烹制，将所有的鲜味都保留了下来，于是，海鲜面的优劣最大程度取决于食材的新鲜程度。

又比如，被宁波人挚爱的黄鱼，放入面食中，成就了另一种鲜的极致。经过油煎的黄鱼，鱼肉香酥；面汤放入酱油，汤味浓醇；纯手工和面加碱，面有劲道——鱼酥、汤浓、面滑，三者完美结合，才是一碗好面。宁波黄鱼面尤以余姚为特色。早在60多年前，余姚当地百姓经常在位于舜江楼旁的三阳酒家吃阳春面，在当时，余姚黄鱼来源丰富，且物美价廉。后来这家酒家有位姓王的厨师试着把黄鱼和面同烧，取得了不错的效果。黄鱼面逐渐成为具有余姚特色的面食系列之一。

在奉化，牛肉干面甚至是一项非遗技艺。以牛肉、牛杂和番薯粉丝为主料，配以青菜，加上牛骨高汤烹饪而成的奉化牛肉干面，取材天然，原汁原味。其中的番薯粉丝，取自奉化山区，人们将吃不完的番薯煮熟放在太阳下暴晒，再把晒干的粉块切成条状，番薯粉丝就诞生了。这些用手工制作出来的粉丝晶莹剔透，韧滑劲道，美味可口。

城区内的面结面，风靡一片。用豆腐皮包裹肉馅，做成一指长的面结，四五个用蔺草打个活结。面结的豆腐皮，要用碱水泡过，口感软嫩，既没有豆腥气也没有粗质的口感，吃起来简直像豆腐一样。肉馅取新鲜的腿肉为佳，稍加入油膘避免过柴。大锅煮开，一锅入面结和油泡，一锅煮面烫青菜。面结面用的是清汤，标配是面结、青菜，外加一碗酱油拌面。

宁波的面条，似乎都带着宁波人的个性，它们融入岁月之中，成为餐桌上的幸福。

稻米之香

慈城年糕

cí chéng nián gāo

余姚河姆渡藏着人类7000年的文明，这一片低洼的沼泽地，南临四明山、余姚江，因成陆早，居住在山麓、谷地的越人纷纷迁来居住，从而创造了灿烂的河姆渡文化。退可上山，进而出海，有山麓淡水资源，有沿海海上资源，这理想地理环境孕育了稻谷，这里的水稻比印度发现的最早的水稻还早了约3000年。

慈城处在富饶的宁绍平原，是典型的江南鱼米之乡。这里毗邻河姆渡文化遗址，水稻栽培历史悠久，经历了漫长的农耕社会。与大米千百年的交情，使慈城人对这老伙计有足够的改造能力，由大米做成的年糕就是其中最光彩夺目的一页。

一过冬至，慈城的天常常阴沉沉的，风吹起来也冷飕飕的。但有磨盘的人家却很热闹，左邻右舍都来借磨盘磨糯米粉。慈城年糕以本地产的当年粳米和源于“英雄水库”（望海尖山）的优质水源为基本原料。产于慈城南边的双顶山传统产量基地的

粳米，均生长于原生态的无污染地块，颗粒饱满、色泽晶莹、糯软适度，是制作慈城年糕的极佳原料。

传统做年糕时，凌晨两三点钟，做年糕人家就要“请菩萨”，放鞭炮，院子里摆开了架势，庭院里人进人出，磨粉的、刷粉的、舂粉的、做年糕的，大冬天干活的人连衣服都穿不住。“嘎吱、嘎吱”，像牛奶般纯白的米浆从磨道里流出来，淌到桶里。然后要在桶里蒙上纱布，盖上草灰，将水分吸干，再把粉团掰成小块，在通风处晾干，不断翻动，不让出现红点或霉斑，遇上阴雨天就在火缸上烘干，照料之费神不亚于呵护幼儿。做年糕前还要将粉团进行揉、压、搓，以求粉团柔韧糯软。传统做年糕时都用印糕板，年糕的正背二面都印有吉祥花纹，农村里的人会把年糕做成元宝、利市头（猪头）、鱼（年年有余）的形状，点上红点，都是为了图个吉利，反映了民众祈愿平安和谐的美好愿望。做年糕时，铺板上会放上咸菜笋丝、豆酥糖、芝麻粉拌白糖，各人按自己口味，挑来做馅捏成年糕团，老的小的吃得津津有味，年味十足。新打的年糕在大炉上的铁锅里一蒸一煮，十米开外就能闻到香气。打深巷窄道里一路走过，家家户户的窗口传出米香味，原本不饿的人也会顿时垂涎。

年糕炒白蟹（江北十碗、北仑十碗）

原料：

慈城年糕、白蟹、洋葱、大蒜、生姜片。

制法：

1. 起油锅，待油温升至150℃—180℃时，放入白蟹块，炸至金黄色盛出；

2. 再起锅烧水，把年糕用水煮好，过冷水备用；

3. 起锅烧油，把葱、姜煸香10秒，放入白蟹，加入料酒、酱油、鸡精、味精和少许高汤调味，香味炒出后放入年糕炒干，最后放入葱花即可。

特色：

年糕软糯，白蟹鲜香，滋味无穷。

宁波汤团

níng bō tāng tuán

宁波传统主流饮食方式，咸、腌、醉、糟、霉，实在是独树一帜，外地人往往吃不惯。不过有一样吃食却是举国同喜，那便是宁波的汤团。汤团之名始于南宋，传到如今国内其他地方已大多统称为汤圆，宁波人则坚持称之为汤团。

外地一般是在元宵节时才会想起吃汤团，而对宁波人而言这并非新年、元宵专用，而是一样时常想念、馋了就吃的小吃。宁波人坚持手工制作，坚持使用猪油，做好的汤团带有浓浓的阿拉宁波味儿。

宁波籍的上海老报人陈诏曾在《闲话宁波汤团》中细细描摹道："汤团，先用优质糯米水浸水磨，沥成团块，再用黑芝麻、猪油（纯板油）、绵白糖、桂花做成馅子（也有用细豆沙、白糖做馅的）。制作时，把糯米团搓成长条，分成一小段一小段，每段嵌入一块猪油馅，用手心搓成圆形，吃时放入沸水中，待汤团浮起水面，加少量冷水，让内馅煮熟，水再沸后即可盛入碗内。这样的汤团，汤清、色白、浑圆而有光泽，入口油而不腻，香甜滑糯俱全，煞是好吃。"

宁波人吃汤团的场面热闹喜人："六街灯市，争圆斗小，玉碗频供。香浮兰麝，寒消齿颊，粉脸生红。"彼时，火方燃，汤初滚，汤团尽浮锅面。一口咬下，蜜渍香泛，溅齿流甘。这种甜蜜而热闹的体验和欢愉便留在了记忆深处。

很多海外宁波人漂泊几十年不忘猪油汤团，据说包玉刚 20 世纪 80 年代回大陆，吃了正宗家乡口味的猪油汤团后，竟是热泪满襟。旧食物于舌尖敏感的中国人来说，往往是个引子，舌尖一触，最细微、最柔软的情感和记忆，便能汹涌而来，带你回到最魂牵梦萦的地方。猪油汤团，便是宁波味道最醒目的标记之一。

现在，猪油汤团做得好的老字号还数“缸鸭狗”。早在 20 世纪 40 年代，在宁波城隍庙内有一个小贩名叫“江阿狗”，原先出售红枣汤和酒酿团，后见猪油汤团广受食客欢迎，遂学得一手制作猪油汤团的手艺，并在原有的制作工艺和用料精选上钻研提高，日积月累，江阿狗制作的猪油汤团终于自成一家，成为同行中的佼佼者。后来，他又在店招牌上别出心裁地叫人绘了一只缸，一只鸭和一只狗，从此，江阿狗宁波猪油汤团更是声名远扬了。时至今日，猪油汤团仍是缸鸭狗铁铮铮的招牌，香、甜、鲜、滑、糯，汤清色艳，皮薄馅多，加上桂花的香气，咬开皮子，油香四溢，糯而不粘，鲜爽可口。

在东钱湖下水村，时常能看到路边有贩卖麻糍的移动小摊，一把剪刀，一块盖布，下面整齐地码着麻糍。热情的摊主看你凑上前，就会主动剪下一块，让你尝尝鲜。一口下去，艾草的香气在口中回荡，软糯的质地非常有嚼劲，感觉吃了会上瘾，根本停不下来。

制作麻糍的原材料艾草分布广泛，喜欢生长在低海拔的温暖湿润处，宁波路边、河边、山坡或是荒地都可见它的身影。艾叶是一种广谱抗菌抗病毒的药物，它对好多病毒和细菌都有抑制和杀伤作用，也能散寒除湿，温经止血。

宁波老话说："清明麻糍立夏团。"麻糍，谐音"呒事"，寓意为平安无事。宁波清明祭祀的主祭品多是掺着艾青的青麻糍。麻糍大多被切作菱形，两面抹以松花粉，内青外黄。而清明上山，地偏路远，半途不免饥饿，所以麻糍也时常被当作垫肚子的点心。时至今日，依旧有不少人家保留着清明做麻糍的习俗，麻糍中的艾叶、松花粉，都是春天的应景之物，象征着草木长青，也体现了自然轮回。麻糍的种类有很多，麻糍泻、麻糍滑、米筛花、麻糍食果等。

相传吃了青麻糍后，田里的稻苗就会碧绿青翠，有个丰收年；麻糍的表面抹过松花粉而成黄色，寓意为田里收上来的稻谷粒粒绽、颗颗黄。

东钱湖边的民间建房、种田和农历七月半，几乎家家户户都要食用麻糍。每到做麻糍的时候，家里的长辈都会聚在一起，分工合作。采来的艾草需要加工，让它变得软烂，能同米粉更好地融合在一起。做麻糍的那天，家中的柴火早早就被烧得通红，能听见炉灶里的水沸腾的气泡声，木桶蒸笼里散发着蒸米粉的糯香味。有经验的叔叔婶婶们，已经把石臼洗得光亮，等米粉蒸透，将其同加工好的艾草一同倒入石臼，就要开始打麻糍了。家中的孩子在这时已经兴奋地等在一旁，看着木槌一下一下拍打米粉团，年轻力壮的男子轮番上阵，不多时，米粉就同艾草糅合在了一起。火候和时间方能锤炼出香糯滑爽的味道。

"摘"下一团热气腾腾的新鲜麻糍，在松花粉上滚一圈，麻糍就变得不粘手了。蘸着红糖，大口塞入嘴中，满足极了。这也是孩子等在一旁的原因，别看他们一个个个头不大，吃起麻糍来都变成了大胃王。若是带回去的麻糍放久了，也不要担心，用不粘锅干锅加热煎一下，马上恢复软糯，美味一点不减。这份"脱俗又质朴"的味道，总是不时地勾起食客的馋虫，引得他们到东钱湖走一遭。

现如今，麻糍已经成为一道传统民俗美食，一年四季都可以吃到，俨然是凝聚了宁波人乡愁的味道。

麻糍

mā cí

稻米之香

下水麻糍（东钱湖十碗）

原料：

糯米、艾叶、白糖、松花粉适量。

制法：

1. 清洗艾叶，入水中焯烫，捞出放凉水中，然后挤干切碎待用；

2. 糯米放蒸笼蒸熟，入石头锅与艾叶捶打至没有米粒即可；

3. 将糅合的麻糍放面板上擀开（面板上先均匀撒上松花粉），切成小方块即可。

特色：

柔软如绵，光滑细腻，清香可口。

余姚梁弄，既有山清水秀之姿，又是兵家必争之地。“梁弄周围狮子山上，敌人做了乌龟壳，三五支队人民武装，为了民众要把敌人消灭……”每每唱起由当年新四军战士作词的《梁弄战斗歌》，整个人都备受鼓舞。纵然时光流转几十年，红色梁弄依然志气不息，精神不灭，记录下了一段又一段令人热血澎湃的光阴故事。

如今的梁弄，红色成了幸福的色彩。梁弄大糕一条街上，刚刚出笼的大糕上常印刻着“吉祥如意”“幸福美满”等字样，人们在这甜滋滋的味道中感受另一种梁弄。

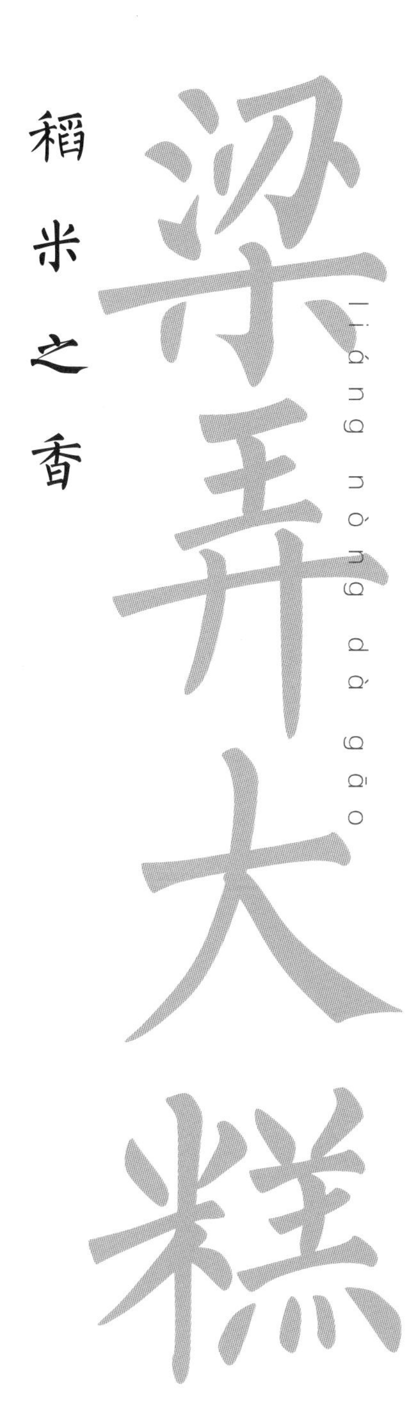

梁弄大糕，又名“印糕”，据传已经有近 300 年的历史。2008 年梁弄大糕制作工艺被列入余姚市非物质文化遗产名录，2012 年被列入宁波市非物质文化遗产名录。

制作大糕，要经历选米选豆、淘米、沥米、浸米、碾米、煮豆、拌糖、筛粉、雕空、加馅、盖粉、加印、切糕到上蒸、加青箬，每道工序都必须精心细致。尽管用于大糕制作的原料十分简单，一套制作工具也不是十分复杂，但是制作工艺却十分讲究，这是梁弄古镇的独创，而这样的技艺一般也是世代相传。梁弄大糕的魅力是即时性，就是要现做现吃，趁热吃，味道最佳。

雪白、紫红色的大糕，透着一股喜庆，也深深地镌烙着梁弄的人文特性，散发着浓厚的地域特色。

在梁弄，每逢端午时节，已订婚但还未结婚的毛脚女婿必须挑大糕到丈人家去，这样的风俗习惯一直沿用至今。毛脚女婿挑的大糕少则几十箱，多则上百箱。女方把这些大糕分发给亲朋好友，一来表示名花有主，二来也是让大家一起分享喜悦。而结婚后的第一个端午节，就轮到女方挑大糕到男方家了。

在长久的岁月中，人们将美好的祝福寄托在这一方小小的糕点之上，让日子变得温暖和甜蜜。

“诗画浙江·百县千碗”省级体验店

序号	区域	企业名称	地址	订餐电话
1	海曙	天港海鲜酒店	海曙区蓝天路 188 号	0574-87167777
2	海曙	南苑饭店	海曙区灵桥路 2 号	0574-87095678
3	海曙	宁波饭店	海曙区马园路 251 号	0574-87097888
4	海曙	宁波状元楼酒店	海曙区和义大道购物中心	0574-88231888
5	海曙	南塘梅龙镇酒家	海曙区南塘老街南郊路 306 号	0574-87621940
6	海曙	石浦大饭店（华府店）	海曙区春华路 1288 号	0574-83088888
7	海曙	东福园饭店（鼓楼店）	海曙区公园路 5 号	0574-87175777
8	海曙	宁波南苑新芝宾馆	海曙区永丰西路 215 号	0574-87098288
9	江北	走马楼饭庄	江北区慈城民权路 361 号	0574-87570777
10	江北	宁波金港大酒店	江北区扬善路 51 号	0574-87668888
11	江北	宁海食府（北岸店）	江北区大闸路 58 号	0574-87233666
12	江北	宁波新日月育才大酒店	江北区环城北西段 625 号	0574-87845678
13	江北	美宴摩登餐厅（槐树路店）	江北区槐树路 87 号	0574-87351111
14	江北	宁波富邦荪湖山庄	江北区荪湖路 666 号	0574-87798888
15	江北	东海怡品海鲜豆捞（北岸店）	江北区大闸路 78 号	0574-87780077
16	江北	紫飨餐厅	江北区大庆北路 545 号 15 幢 1—1 号	0574-87069991
17	镇海	宁波九龙湖开元酒店	镇海区九龙湖镇郎家坪水库旁	0574-86538888
18	镇海	四季永逸大饭店	镇海区骆驼街道慈海南路 1718 号	0574-86568801
19	镇海	镇海山外山大酒店（沿江路店）	镇海区沿江西路 728 号	0574-86251838
20	镇海	海尚大酒店	镇海区东邑北路 528 号	0574-86659999
21	镇海	宁波味道（镇海骆驼甬耀餐饮）	镇海区骆驼镇大道福业街 199 号一层	0574-55015777
22	镇海	曙光丽亭酒店	镇海区慈海南路 600 号	0574-86629999
23	镇海	十七房开元观堂	镇海区开源路 777 号	0574-86539999
24	镇海	浙东家宴	镇海大道中段 399 号腾日大厦 3 楼	0574-86661717

(续表)

序号	区域	企业名称	地址	订餐电话
25	镇海	镇海开元名都酒店	镇海区庄市大道 788 号	0574-26313333
26	北仑	东港湾大酒店	北仑区人民北路 588 号	0574-86127778
27	北仑	滕头诚悦酒店（北仑店）	北仑区中河路银泰城 1 幢 4—12	0574-86995555
28	北仑	戚家山宾馆	北仑区小港东海路 20 号	0574-86183333
29	北仑	福瑞祥乡土味道（大碶店）	北仑区大碶街道人民北路 109 号	0574-56581777
30	北仑	天港禧悦酒店（北仑店）	北仑区曼哈顿广场 B 区 128 号	0574-26859999
31	北仑	宁波影秀城丽筠酒店	北仑区宝山路 1288 号	0574-28928888
32	北仑	乐口乐海鲜酒店	北仑区信民路 17 号	0574-86761222
33	北仑	宁波港城华邑酒店	北仑区长江路 1199 号	0574-86799999
34	鄞州	宁波状元楼禧宴（东部新城店）	鄞州区中山东路宏泰广场 12 幢	0574-82397777
35	鄞州	天宫南铂玫瑰园酒店	鄞州区天工路 777 号	0574-88275757
36	鄞州	鄞州鹰龙海畔大酒店	鄞州区咸祥镇乐家村（东方船厂旁）	0574-88306111
37	鄞州	味道庭院餐厅	鄞州区樟溪北路 136 号	13757466777
38	鄞州	甬尚人家私菜馆（新河店）	鄞州区新河路 417—419 号	0574-87748777
39	鄞州	南苑环球酒店	鄞州区鄞县大道 1288 号	0574-82808188
40	鄞州	老宁波 1381 餐厅（利时店）	鄞州区四明中路 688 号	0574-88319188
41	鄞州	天港禧悦酒店	鄞州区惊驾路 1088 号	0574-27699999
42	鄞州	梅龙镇酒家	鄞州区樟溪北路 58 号	0574-28900999
43	鄞州	石浦大酒店（百丈店）	鄞州区百丈东路 1118 号	0574-87393777
44	鄞州	天滟海鲜楼	鄞州区句章东路开元曼居大酒店二楼	15867891717
45	鄞州	宁波开元名庭大酒店	鄞州区百丈东路 812 号	0574-87068888
46	鄞州	宁波国大雷迪森广场酒店	鄞州区会展路 315 号	0574-81128888
47	奉化	华侨豪生大酒店	奉化区南山路 177 号	0574-88822888
48	奉化	奉城家宴	奉化区大成路 666 号	0574-88870777
49	奉化	奉化华信天港禧悦酒店	奉化区中山东路 1 号	0574-88959900

（续表）

序号	区域	企业名称	地址	订餐电话
50	奉化	奉化滕头诚悦农庄	奉化区萧王庙街道滕头村	0574-88606999
51	奉化	溪口银凤酒店	奉化区溪口镇 309 省道	0574-81866666
52	奉化	奉化矿业大酒家	奉化区宝化路 118 号	0574-88529943
53	奉化	溪口民镇食府	奉化区百丈路 20 弄 2 幢 7—16 号	0574-88875777
54	奉化	溪口应梦园酒店	奉化区中兴中路 117 号	0574-88865555
55	奉化	武岭园饭店（惠政店）	奉化区前方路西段 32—34—36 号	0574-88878666
56	余姚	阳明温泉山庄	余姚市陆埠镇温泉路 8 号	0574-62399999
57	余姚	余姚四明湖开元山庄	余姚市四明湖狮子山	0574-62377777
58	余姚	余姚市泗门宾馆	余姚市泗门镇滨江路 26 号	0574-62157777
59	余姚	余姚宾馆	余姚市舜水南路 108 号	0574-62708888
60	余姚	太平洋大酒店	余姚市南滨江路 168 号	0574-62886052
61	余姚	余姚中塑石浦大酒店	余姚市新建北路中塑国际大厦 1 楼	0574-62555111
62	余姚	宁波瑞盛酒店	余姚市泗门镇四海大道 3 号	0574-62877777
63	余姚	余姚天港禧悦酒店	余姚市新西门南路 128 号	0574-22779999
64	余姚	宁波伯瑞特酒店	余姚市新建北路 177 号	0574-82377777
65	余姚	余姚阳明观堂 · 粮仓	余姚市五云路 1 号	0574-62000777
66	余姚	宁波华都豪生大酒店	余姚市阳明西路 357 号	0574-62333888
67	慈溪	慈溪杭州湾大酒店	慈溪市寺山路 301 号	0574-63914888
68	慈溪	慈溪白金汉爵大酒店	慈溪市杨梅大道北路 888 号	0574-63798111
69	慈溪	慈溪达蓬山大酒店	慈溪市达蓬南路 3 号	0574-58588059
70	慈溪	慈溪开元名庭大酒店	慈溪市逍林五星路 1 号	0574-63808888
71	慈溪	慈溪滕头生态农庄	慈溪市龙山镇徐福村	0574-63993572
72	慈溪	慈溪大酒店	慈溪市环城南路 407 号	0574-63912288
73	宁海	霞客食府	宁海县太平洋国际大酒店	0574-65579889
74	宁海	大鱼馆（桃源竹口店）	宁海县科技大道 2 号	0574-25595777
75	宁海	老缑城文化主题餐厅	宁海县宁昌路 82—86 号	0574-65222666
76	宁海	宁海金海开元名都大酒店	宁海县金水路 399 号	0574-25599999
77	象山	象山港湾海洋酒店	象山县丹东街道新华路 388 号	0574-65797555
78	象山	宁波石浦半岛酒店	象山县石浦镇金山路 218 号	0574-65999999

（续表）

序号	区域	企业名称	地址	订餐电话
79	象山	松兰山海景大酒店	象山县松兰山滨海旅游度假区	0574-55689999
80	象山	宁波工人疗养院（半边山度假店）	象山县石浦镇麒麟南路 99 号	0574-89506666
81	象山	象山东谷湖开元度假酒店	象山县东谷路 5 号	0574-59188888
82	象山	宁波象山海景皇冠假日酒店	象山县海半边山旅游度假区	0574-65938888
83	象山	象山港国际大酒店	象山县象山港路 1111 号	0574-65778888
84	东钱湖	东钱湖华茂希尔顿度假酒店	东钱湖旅游度假区连心路 99 号	0574-88498628
85	东钱湖	钱湖宾馆	东钱湖旅游度假区沙山路 288 号	0574-82018888
86	东钱湖	宁波东钱湖恒元酒店	东钱湖旅游度假区环湖东路 1000 号	0574-89219999
87	东钱湖	大田山居 · DATIAN 食野	东钱湖环湖东路下水湿地公园内	0574-56167399
88	东钱湖	山水一号酒店	鄞州区环湖东路 388 号	0574-56101999
89	东钱湖	宁波柏悦酒店	鄞州区大堰路 188 号	0574-28881234
90	杭州湾	阿国饭店（水世界店）	杭州湾新区滨海二路 938 号	0574-63483777

图书在版编目（CIP）数据

味道宁波 / 宁波市文化广电旅游局编 . -- 宁波 : 宁波出版社 , 2023.7

ISBN 978-7-5526-5035-8

Ⅰ . ①味… Ⅱ . ①宁… Ⅲ . ①饮食－文化－宁波 Ⅳ . ① TS971.202.553

中国国家版本馆 CIP 数据核字（2023）第 113199 号

味道宁波

WEIDAO NINGBO

宁波市文化广电旅游局 编

出版发行 宁波出版社

责任编辑 刘思雨　陈 静

责任校对 熊雪婷

印　　刷 宁波美达柯式印刷有限公司

开　　本 787mm×1092mm　1/16

印　　张 10.75

字　　数 180 千

版　　次 2023 年 7 月第 1 版

印　　次 2023 年 7 月第 1 次印刷

标准书号 ISBN 978-7-5526-5035-8

定　　价 68.00 元

总　顾　问　　詹荣胜
总　策　划　　徐小设
总　执　行　　陈延群
编委会主任　　邱金岳
编委会副主任　　汤红梅　朱能芳　李阳辉
编委会成员　　海曙区文化和广电旅游体育局
江北区文化广电旅游局
镇海区文化和广电旅游体育局
鄞州区文化和广电旅游体育局
北仑区文化和广电旅游体育局
奉化区文化和广电旅游体育局
余姚市文化和广电旅游体育局
慈溪市文化和广电旅游体育局
宁海县文化和广电旅游体育局
象山县文化和广电旅游体育局
前湾新区教育文体和旅游局
东钱湖旅游度假区旅游与湖区管理局

主　　编　　童　达
副 主 编　　王碧琼
撰　　稿　　贝智倩　黄小瑜　李　莹　张碧麟　王颖琼
摄　　影　　吴维春　童晓波　李　冰　刘天甲
美　　编　　胡　俊
设计制作　　宁波市博纳资讯传播有限公司
支持单位　　宁波市餐饮业与烹饪协会
出品单位　　宁波市文化广电旅游局

特别鸣谢　　封面图片系金银彩绣作品《甬城风情图》（局部），特此感谢鄞州区金银彩绣艺术馆。